移动通信入门

周 悦 马 强 编著

电子工业出版社

Publishing House of Electronics Industry

北京·BEIJING

内 容 简 介

本书重点介绍了移动通信系统的网络架构、主要网元和关键技术，并引入了 5G 的一些新知识、新技术，使读者对移动通信发展的最新趋势有更直接、更具体、更全面的认识。本书首先介绍移动通信的概念、特点、分类、工作方式、多址技术及组网技术，让读者对移动通信系统有基本的了解，然后对 GSM、CDMA、LTE 等移动通信系统进行了详细介绍，并对其性能进行了对比分析。

本书既可作为高职高专院校通信类专业的教材或教辅用书，也可作为制造商、运营商、设计院等从事移动通信网络研发、维护和设计人员的参考书，还可作为想了解移动通信的人们的科普读本。

图书在版编目（CIP）数据

移动通信入门 / 周悦，马强编著．—北京：电子工业出版社，2019.7

ISBN 978-7-121-36581-2

Ⅰ．①移…　Ⅱ．①周…　②马…　Ⅲ．①移动通信　Ⅳ．①TN929.5

中国版本图书馆 CIP 数据核字（2019）第 096781 号

责任编辑：宋　梅　　文字编辑：满美希

印　　刷：三河市华成印务有限公司

装　　订：三河市华成印务有限公司

出版发行：电子工业出版社

　　　　　北京市海淀区万寿路 173 信箱　邮编　100036

开　　本：787×980　1/16　印张：9.5　字数：219 千字

版　　次：2019 年 7 月第 1 版

印　　次：2020 年 12 月第 2 次印刷

定　　价：39.00 元

前　　言

移动通信技术领域是当今世界上发展最快的领域之一，在过去的二十年中，通信技术得到了迅速发展，给社会经济和人们的生活方式带来了日新月异的变化。移动通信技术是通信专业的核心课程，如何让教材适应新技术的发展，是学校教育面临的一个难题。

南京嘉环科技有限公司是华为公司在国内重点培育的华为客户培训分部、华为授权培训合作伙伴（HALP）、华为教育合作伙伴（HAEP）。苏州工业园区服务外包职业学院与南京嘉环科技有限公司合作成立嘉环 ICT 学院，积极参与 ICT 专业的人才培养，提出教育服务整体解决方案。本书是苏州工业园区服务外包职业学院江苏省示范教材建设项目，编著者长期从事通信技术专业的教学工作，对高职高专院校学生有自己的教学方法和教学理念，旨在提供理论实践一体化、充分体现技能培养的校企合作规划教材。

本书的编写以移动通信的基础概念、通信系统的组成、系统原理以及通信的发展为主线，重点介绍了第四代移动通信系统，并引入了第五代移动通信系统的一些新知识、新技术，适应当前移动通信技术发展的新趋势，激发学生对学习的兴趣，这是本书的一个亮点。本书的教学内容设计做到了理论与技术应用对接，具有鲜明的专业教材特色。

全书共 9 章。

第 1 章主要介绍移动通信的定义、发展概况、分类、工作方式、多址技术、组网技术、信令及移动性管理。

第 2 章介绍移动通信的传输信道。

第 3 章介绍移动通信的调制技术。

第 4 章介绍移动通信的编码技术。

第 5 章介绍数字基带传输及扩频通信。

第 6 章介绍 GSM——全球移动通信系统。

第 7 章介绍第三代移动通信系统。

第 8 章介绍第四代移动通信系统。

第 9 章介绍第五代移动通信系统。

本书作为苏州工业园区服务外包职业学院江苏省示范教材建设项目成果，由周悦、马强负责大纲的编写和撰稿工作。参加本书编写工作的还有朱麟、孙金霞、张鑫、汤静老师，在此表示感谢。

本书配有教学资源 PPT 课件，如有需要，请登录电子工业出版社华信教育资源网（www.hxedu.com.cn），注册后免费下载。

　　由于作者水平有限，书中难免存在错误和疏漏之处，敬请各位老师和同学指正，可发送邮件至 yew.zhou@163.com。

编著者

2019 年 7 月

目　　录

第1章 概 述

1.1 移动通信的定义

20世纪70年代前期，随着固定电话的普及，不拘泥于电话线束缚的移动通信应运而生。

所谓移动通信，就是指进行信息传递和交换的一方或双方处于运动状态中的通信。这里的信息传递不仅指语音通话，也包括数据、图像、视频等多媒体业务。未来移动通信的发展目标是"5W"，即任何人（Whoever）无论在任何时候（Whenever）在任何地方（Wherever）都能够同任何人（Whoever）进行任何方式（Whatever）的交流。

相对于固定电话通信，移动通信技术有以下两个基本特点：

① 移动通信是无线的，其信道是广阔的自由空间，具有随机性和时变特性。

② 移动通信的用户至少有一方处于运动状态中，这就要求移动通信网络能够对用户实现动态寻址。

1.2 移动通信的发展概况

自20世纪80年代初，第一代蜂窝移动电话系统投入使用以来，移动通信系统经历了飞速发展，主要分为以下几个时期。

1. 第一代移动通信系统（the First Generation Communication System，1G）

第一代移动通信系统采用模拟蜂窝网络技术，基于频分多址和模拟调频技术。1976年，国际无线电大会批准了在800/900MHz频段对蜂窝电话的频率分配方案，使得蜂窝系统进入了商用阶段。1G代表性的商用系统有日本电话电报系统（NTT，1979）、北欧移动电话系统（NMT，1981）和北美高级移动电话服务系统（AMPS，1983）等。

2. 第二代移动通信系统（the Second Generation Communication System，2G）

第二代移动通信系统在20世纪90年代初期进入商用阶段，主要采用时分多址和码分多址两种多址方式。2G 代表性的商用系统包括欧洲的 GSM、北美的 IS—95、日本的 PDC 等。

3. 第三代移动通信系统（the Third Generation Communication System，3G）

第三代移动通信系统（IMT—2000）是国际电信联盟（ITU）制定的通信系统，意即该系统工作在 2000MHz 频段，最高业务速率可达 2000kbps，预期在 2000 年左右进入商用阶段。3G 主要技术有多用户检测、智能天线和 Turbo 编码等，主要商用系统有欧洲和日本的 WCDMA、北美的 cdma2000 和中国的 TD-SCDMA 等。

4. 第四代移动通信系统（the Fourth Generation Communication System，4G）

目前主要的 4G 标准有 3GPP 的 LTE-Advanced 和 IEEE 提出的移动 WiMAX（IEEE 802. 16m）。商用 4G 包括 TD-LTE 和 FDD-LTE 两种制式。严格意义上来讲，LTE 只是 3.9G，尽管被宣传为 4G 无线标准，但它其实并未被 3GPP 认可为 ITU 所描述的下一代无线通信标准 IMT-Advanced。因此，在严格意义上其还未达到 4G 的标准，只有升级版的 LTE-Advanced 才满足国际电信联盟对 4G 的要求。IMT-Advanced 是基于 IMT 演进的系统，提供了比 IMT—2000 更高的速率，其速率在高移动应用中达到 100Mbps，在低移动或固定应用中达到 1Gbps。4G 采用的主要技术有 OFDM（正交频分复用）、MIMO（多输入多输出）、AMC（自适应调制编码）和 HARQ（混合自动重传）。

5. 第五代移动通信系统（the Fifth Generation Communication System，5G）

5G 极限移动宽带（xMBB）服务满足人们面向 2020 年，对极高数据速率的持续渴望。对视频业务的广泛需求和对诸如虚拟现实、高清视频的兴趣推动了高达若干 Gbps 的速率要求。5G 技术使无线网络获得当前只能由光纤接入实现的速率和服务。感知互联网进一步增加了对低时延的诉求。当低时延和高峰值速率需要同时满足时，就对网络能力提出了更高的要求。与以前的蜂窝系统相比，机器类和人机无线通信在众多经济领域的应用不断增多，对无线网络提出了大量而广泛的需求，具体表现在成本、复杂性、功耗、传输速率、移动性、时延和可靠性等方面。例如，感知互联网要求无线时延降低到 1ms。

1.3 移动通信的分类

移动通信的种类繁多，常见的分类方法如下。
① 按使用环境可分为陆地移动通信、海上移动通信和空中移动通信。
② 按使用对象可分为民用移动通信和军用移动通信。
③ 按多址方式可分为频分多址、时分多址和码分多址等。

④ 按接入方式可分为频分双工和时分双工。

⑤ 按覆盖范围可分为宽域网和局域网。

⑥ 按业务类型可分为电话、数据和综合业务。

⑦ 按工作方式可分为单工、双工和半双工。

⑧ 按服务范围可分为专用移动通信和公用移动通信。

⑨ 按信号形式可分为模拟移动通信和数字移动通信。

常用的移动通信系统有蜂窝移动通信系统、无线寻呼系统、无绳电话系统、集群移动通信系统和卫星移动通信系统等。

1. 蜂窝移动通信系统

蜂窝移动通信，也称小区制移动通信。它的特点是把整个大范围的服务区划分成许多小区，每个小区设置一个基站，负责本小区内各个移动台的联络与控制，各个基站通过移动交换中心相互联系，并与市话局连接。利用超短波电波传播距离有限的特点，相距一定距离的小区可以重复使用频率资源，使频率资源得以充分利用。每个小区的用户数量在 1000 个以上，全部覆盖区最终的容量可达 100 万个用户。

2. 无线寻呼系统

这是一种没有语音的单向广播式无线选呼系统，它将自动电话交换网送来的被寻呼用户的号码和主叫用户的消息，变换成一定码型和格式的数字信号，经数据电路传送到各基站，并由基站寻呼发射机发送给被叫寻呼机。其接收端是多个可以由用户携带的高灵敏度接收机。

3. 无绳电话系统

无绳电话系统是用无线信道代替普通电话机的绳线，从而能在限定的业务区内自由移动的电话系统。它接入市话网，采用微蜂窝或微微蜂窝无线传输技术。

4. 集群移动通信系统

集群移动通信，也称大区制移动通信。它的特点是只有一个基站，天线高度为几十米至百余米，覆盖半径为 30km，发射机功率高达 200W。用户数约为几十至几百，终端设备可以是车载台，也可是以手持台。它们可以与基站通信，也可以通过基站与其他移动台及市话用户通信，基站与市话网通过有线网连接。

5. 卫星移动通信系统

卫星移动通信系统利用卫星通信的多址传输方式，为全球用户提供大跨度、大范围、远距离的漫游和机动、灵活的移动通信服务，是陆地蜂窝移动通信系统的扩展和延伸，其在偏远地区、山区、海岛、灾区、远洋船只及远航飞机等通信方面更具独特的优越性。

1.4 移动通信的工作方式

移动通信的工作方式分为单工通信、半双工通信和双工通信三种方式。

1. 单工通信

单工通信是一种通信双方只能轮流进行收信和发信的按键通信方式，即采用"按-讲"（Push To Talk，PTT）方式。

根据收发频率是否相同，单工通信分为同频单工通信和异频单工通信两种。同频单工通信指通信的双方使用相同的工作频率（f_1）。异频单工通信指通信的双方使用两个不同的工作频率（f_1和f_2），而操作仍采用"按-讲"方式。同频单工通信如图 1-1 所示，异频单工通信如图 1-2 所示。

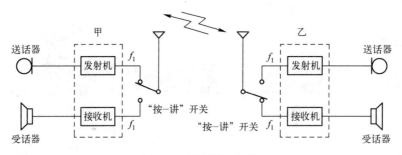

图 1-1　同频单工通信

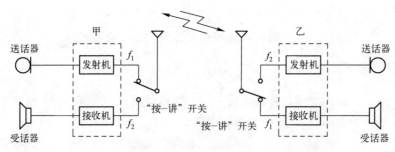

图 1-2　异频单工通信

常用的对讲机就是采用单工通信方式。

2. 半双工通信

采用半双工通信方式时，一方使用双工通信方式，而另一方则使用单工通信方式，在发信时要按下"按-讲"开关。半双工通信如图1-3所示。

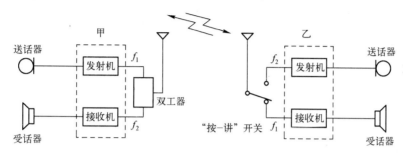

图1-3 半双工通信

半双工通信的优点：设备简单、省电、成本低、维护方便，而且受邻近移动台干扰少；利于频率协调和配置；利于移动台紧急呼叫。

半双工通信的缺点：使用不方便，有丢失信息的可能。

半双工通信主要用于无线调度系统。

3. 双工通信

双工通信有时也称全双工通信，是指通信的双方在通话时接收机和发射机同时工作，即任意一方在讲话的同时，也能收听到对方的信息。双工制又可分为频分双工（FDD）和时分双工（TDD）两种方式。

双工通信如图1-4所示。

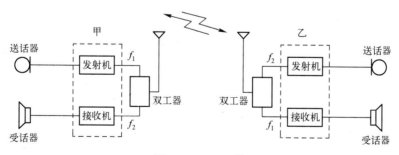

图1-4 双工通信

1.5 移动通信的多址技术

多址传输是指在一个信息传输网中不同地址的各用户之间通过一个共用的信道所进行的传输，其理论基础仍然是信号分割理论。因此，多址传输方式也分为频分多址（FDMA）、时分多址（TDMA）和码分多址（CDMA）等几种。多址传输又称多址连接或多址通信，目前在移动通信和卫星通信中得到了广泛应用。

多址的原理是利用信号参量的正交性来区分无线电信号的地址。依据频率参量的正交性来区分无线电信号地址的叫频分多址；依据时间参量的正交性来区分无线电信号地址的叫时分多址；依据码型函数的正交性来区分无线电信号地址的叫码分多址。图 1-5 中分别给出了这三种多址方式示意图。

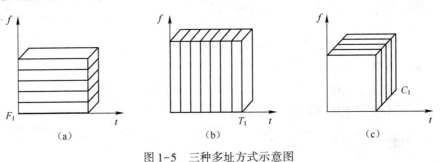

图 1-5 三种多址方式示意图

1. 频分多址（FDMA）

频分多址将给定的频谱资源划分为若干个等间隔的频道（又称信道），供不同用户使用。在频分多址系统中，每一个移动用户分配一个地址，即在一个射频频带内，每个移动用户分配一个频道，且这些频道在频域上互不重叠。利用频道和移动用户的一一对应关系，只要知道用户地址（频道号）即可实现选址通信。在蜂窝移动通信系统中，由于频道资源有限，不可能每个用户独占一个固定的频道。因此，多采用多频道共用的方式，即由基站通过信令信道给移动用户临时指配通信频道。

为了便于移动用户实现多信道公用（即动态分配信道），提高信道利用率，在蜂窝移动通信系统中，其信道的频率分划与频道构成采用一个频道只传送一路语音信号的方式，即频分多址中的单路单载波工作方式。

频分多址是应用最早的一种多址技术，AMPS、NAMPS、TACS 等第一代移动通信系统所采用的多址技术就是频分多址。以 TACS 为例，系统占用的频段为上行频段 890～915MHz，下行频段 935～960MHz。收发频段间隔为 45MHz，可防止发送的强信号对接收的弱信号的影响。每个语音信道占用 25kHz 频带。TACS 系统可支持的信道数约为 1000 个。

频分多址具有如下特点：

- 每个信道只传送 1 路信号。只要给移动台分配了信道，移动台与基站之间会连续不断地收发信号。
- 由于发射机与接收机同时工作，为了进行收发隔离，必须采用双工器。
- 频分多址采用单载波（信道）单路方式，若 1 个基站有 30 个信道，则每个基站需要 30 套收发信机设备，基站间设备不能公用，公用设备成本高。
- 与时分多址相比，其连续传输开销小、传输效率高，无须复杂组帧与同步，无须信道均衡。

2. 时分多址（TDMA）

时分多址把时间分割成周期性的帧，每一帧再分割成若干时隙（无论是帧还是时隙都是互不重叠的），然后根据一定的分配原则，使各个移动台在每帧内只能在指定的时隙向基站发送信号。在满足定时和同步的条件下，基站可分别在各时隙中接收各移动台的信号而互不混扰。同时，基站发向多个移动台的信号都按顺序安排在预定的时隙中传输，各移动台只要在指定的时隙内接收，就能在合路的信号中将发给它的信号区分出来。

时分多址在第二代移动通信系统中得到了广泛应用，如 GSM、NADC 和 PACS 等。以 GSM 系统为例，在 GSM 系统中，总共可提供 124 个频点，而每个频点提供 8 个时隙，即最多可以 8 个用户共享 1 个载波，不同用户之间采用不同时隙来传送自己的信号。因此，GSM 总共可提供的信道数为 124×8 = 992。

时分多址的特点如下。

- 每个载波可分为多个时隙信道，每个信道可供 1 个用户使用，因此每个载波可供多个用户使用，大大提高了频道的利用率。
- 每个移动台发射信号是不连续的，只有在规定的时隙内才能发送信号。
- 传输开销大。
- 同一载波上的用户由于时分特性可以公用一套收发设备，与 FDMA 相比，成本更低。
- 时分多址系统必须有精确的定时和同步功能，保证各移动台发送的信号不会在基站重叠或混淆，并且能准确地在指定的时隙中接收基站发出的信号。

3. 码分多址（CDMA）

码分多址是以扩频信号为基础的一种技术，其利用不同波形或码型的副载波作为分址信号，以便在同一通信网络中，使多个台站同时进行信息传输。常用的扩频信号有两类：跳频信号与直接序列扩频信号（简称直扩信号）。每个移动用户分配一个地址码，而这些地址码的码型互不重叠，所有用户可共享频率和时间资源。

在 IS—95 系统和第三代移动通信系统中，都采用了码分多址技术。以 IS—95 为例，一个基站共有 64 个信道，用正交的 64 阶 Walsh 码序列来区分不同的信道。IS—95 系统中下行信道码序列分配图如图 1-6 所示。

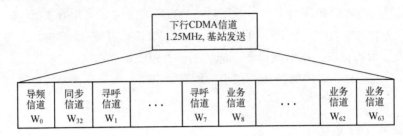

图 1-6 IS—95 系统中下行信道码序列分配图

64 个下行信道中有 55 个信道为业务信道，即一个基站可提供 55 个业务信道，一个频段可提供最大基站数为 512 个，总共有 20 个频段，则 IS—95 系统最多可以提供码分多址业务用户数为 $55 \times 512 \times 20 = 563200$ 个。

IS—95 中的码分多址特点如下。

- 所有用户共享频率、时间资源。
- 采用扩频通信，属于宽带通信系统，具有扩频通信的一系列优点，如抗干扰性强、低功率谱密度等。
- 是一个干扰受限的系统，其容量为软容量，不同于 FDMA、TDMA 中的硬容量。

4. 空分多址（SDMA）

空分多址技术基于空间角度分隔信道。利用空分多址接入的多个用户可以使用完全相同的频率、时间和码道资源。事实上，蜂窝网络本身采用的就是空分复用技术，不同小区中的用户可以使用完全相同的资源。另外，空分多址技术也被应用在智能天线中。

采用智能天线技术进行空分多址的技术，通常称为基于波束赋形的空分多址技术。基于波束赋形的空分多址技术的主要思想是：通过形成不同的波束，对准不同的用户，不同用户可以使用相同的频率、时间和码道资源，而仅仅存在空间上的隔离，从而有效提升系统容量。

5. 正交频分多址（OFDMA）

正交频分多址（Orthogonal Frequency Division Multiple Access，OFDMA）是基于 OFDM 基础的一种接入技术，它通过为每个用户提供部分可用子载波的方法来实现多用户接入。第四代移动通信技术（4G）采用 OFDMA 和 MIMO（多输入多输出）作为其核心技术。

正交频分多址的优点如下。

- 采用子载波调制并行传输后，数据流速率明显降低，因此数据信号的码元周期相应增大，大大减小了频率选择性衰落出现的概率。
- 解决了多径干扰对通信系统造成的负面影响。
- 不需要在各用户频率之间采用保护频段来区分不同的用户，大大提高了系统的频谱利用率。

但是，正交频分多址也存在下面一些缺点。

- 峰平比（PAPR）较高。
- 存在同频组网过程中的小区间干扰问题。
- 存在时间同步与频率同步问题。

1.6 移动通信的组网技术

1.6.1 区域覆盖

由 VHF（Very High Frequency，甚高频）和 UHF（Ultra High Frequency，特高频）的传播特性可知，一个基站只能在其天线高度的视距范围内为移动用户提供服务。基站发射无线电波的覆盖范围称为无线小区，简称小区。如果网络的服务范围很大或地形复杂，则需要几个小区才能覆盖整个服务区。无线电波按照服务区域覆盖方式的不同，可以将移动通信网络划分为大区制和小区制。

大区制采用单无线小区结构，即采用一个基站覆盖某一范围的用户服务区，由它负责区内移动通信的联络和控制。像无线出租车、无线呼叫、MCA（Multi Channel Access，多信道存取）等方式都属于大区结构。这种方式的结构简单、投资少，它由移动台、基站的收发信设备，以及基站与电话交换机等的联络线路组成。因此，为确保有较宽范围的服务区，基站及移动台需要有较大的输出功率，输出功率通常在 25～200W 之间。覆盖区域半径一般为 25～50km，用户容量为几十到几百个。若服务区之间没有足够远的距离，就不能重复使用同一频率，因而难以满足大容量通信要求。大区制适用于中小城市、工矿及专业部门，是发展专用移动通信网络可选用的制式。

小区制采用多无线小区结构，将整个服务区划分为若干个无线小区，每个小区分别设置一个基站，并由其负责小区内移动通信的联络和控制。其基本思路是用多个小功率发射机来替代单个大功率发射机。每个基站的发射机功率都很小，一般为 3～10W，覆盖半径约为 5～10km。每个小区原则上可以分配不同的频率，但这样做需要大量的频率资源，且频谱利用率低，为了提高频谱利用率，减少对频率资源的需求，在用户服务区内，需将相同的频率在相隔一定距离的小区中重复使用，只要同频小区（使用相同频率的小区）之间干扰足够小即可。因此，小区制的频率利用率高。

上述这种重复利用相同频率的技术称为同频复用，它是解决移动通信系统中用户增多，而频谱资源有限这一问题的有效手段。它可以在有限的频谱上提供非常大的容量，而不需要在技术上做重大修改。一般来说，在频率组数量不变的情况下，无线小区越小，频率利用率越高，单位面积上可容纳的用户数也就越多。

为确保传呼率与通话的连续性，必须根据多个基站间接收的信息进行状态监视与连续控制，因而小区结构的设备构成比较复杂。

1.6.2 小区形状

公用移动电话系统也称蜂窝移动通信系统，它采用小区制覆盖方案，有效解决了信道数量有限和用户数大量增加之间的矛盾。

全向天线辐射的覆盖区是圆形的，为了不留空隙地覆盖整个平面服务区，一个个圆形辐射区之间一定有很多重叠的部分。在考虑重叠之后，实际上，每个辐射区的有效覆盖区是一个多边形。根据重叠情况的不同，若在周围相间 120° 设置 3 个邻区，则有效覆盖区为正三角形；若相间 90° 设置 4 个邻区，则有效覆盖区为正方形；若相间 60° 设置 6 个邻区，则有效覆盖区为正六边形，小区形状如图 1-7 所示。

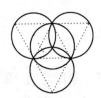 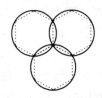

图 1-7　小区形状

可以证明，要用正多边形无空隙、无重叠地覆盖一个平面区域，可选的形状只有上述三种。在辐射半径相同的条件下，不同小区参数的比较如表 1-1 所示，该表给出了三种形状小区的邻区距离、小区面积、重叠区宽度和重叠区面积。（表中 r、R 分别代表圆的半径和直径）。

表 1-1　不同小区参数的比较

小 区 形 状	正 三 角 形	正 方 形	正 六 边 形
邻区距离	R	R	R
小区面积	$1.3r^2$	$2r^2$	$2.6r^2$
重叠区宽度	R	$0.59r$	$0.27r$
重叠区面积	$1.2\pi r^2$	$0.73\pi r^2$	$0.35\pi r^2$

由表 1-1 可知,对同样大小的服务区域,采用正六边形时重叠面积最小,最接近理想的天线覆盖圆形区,所需的基站数也最少。正六边形的网络形同蜂窝,因此,把小区形状为六边形的小区制移动通信网络称为蜂窝网络。

1.6.3 区群的组成

蜂窝移动通信系统依赖于频率复用技术,地理位置上分离的小区用户可以同时使用相同的载波频率(信道)。相邻小区不能使用相同的信道,附近的若干小区也不能使用相同的信道。这些不同信道的小区组成一个区群,只有不同区群的小区才能进行频率复用。

区群的组成应满足两个条件:一是区群之间可以邻接,且无空隙、无重叠地进行覆盖;二是邻接的区群应保证各个相同信道小区之间的距离相等。满足上述条件的区群形状和区群内的小区数不是任意的。一个区群内的小区数应满足

$$N=i^2+ij+j^2 \tag{1-1}$$

其中,i 和 j 是非负整数,$i \geq j$。由此可算出群内小区数 N 的可能取值,如表 1-2 所示。

表 1-2 群内小区数 N 的可能取值表

i \ j	0	1	2	3	4
1	1	3	7	13	21
2	4	7	12	19	28
3	9	13	19	27	37
4	16	21	28	37	48

按照式(1-1),满足条件的群内小区数 $N=1$,3,4,7,9,12……例如,3 小区、4 小区、7 小区。蜂窝复用区群的一般应用如图 1-8 所示。复用区群实现了频率规划。图 1-9 所示是采用 7 小区复用模式构成的蜂窝区群配置。

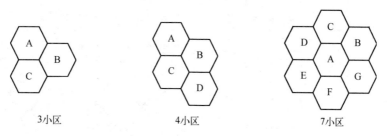

3小区   4小区   7小区

图 1-8 蜂窝复用区群的一般应用

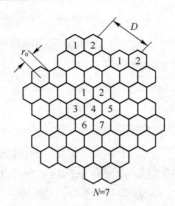

图 1-9 采用 7 小区复用模式构成的蜂窝区群配置

在网络中，移动台或基站承受的干扰主要体现在由频率复用带来的同频干扰。影响同频干扰的主要因素是同频距离，即拥有相同频率的相邻小区之间的距离，传输损耗是随着距离的增加而增大的，所以当同频距离变大时，干扰也必然减少。同频距离计算式为

$$D = \sqrt{3}\,r \sqrt{\left(j + \frac{i}{2}\right)^2 + \left(\frac{i\sqrt{3}}{2}\right)^2} = \sqrt{3\,(i^2 + ij + j^2)} \cdot r = \sqrt{3N} \cdot r \qquad (1\text{-}2)$$

由式（1-2）可以看出，区群内 N 越大，同信道小区距离就越远，抗同频干扰性能也就越好，但频率利用率也越低。反之，N 越小，同频距离越小，频率利用率越高，但可能会造成较大的同频干扰。

基站激励方式如图 1-10 所示。当用正六边形来模拟覆盖范围时，基站发射机可以放置在小区的中心，称为中心激励，如图 1-10（a）所示。当小区内有较大的障碍物时，中心激励方式就难免会有辐射的阴影区。若把基站发射机放置在小区的顶点，则为顶点激励，如图 1-10（b）所示，该方法可有效消除阴影效应。

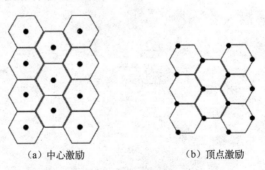

（a）中心激励　　　　　　　　（b）顶点激励

图 1-10　基站激励方式

1.7 信令

在移动通信网络中，为使全网有秩序地工作，除了传输用户信息（如语音信息），还必须在正常通话的前后和过程中传输很多其他控制信号，如一般电话网中必不可少的摘机、挂机、空闲音、忙音、拨号、振铃、回铃，以及无线通信网络中所需的频道分配、用户登记与管理、呼叫与应答、过区切换和发射机功率控制等信号。这些与通信有关的一系列控制信号统称为信令。

信令不同于用户信息，用户信息是直接通过通信网络由发信者传输到收信者的，而信令通常需要在通信网络的不同环节（基站、移动台和移动控制交换中心等）之间传输，各环节对其进行分析处理并通过交互作用形成一系列的操作和控制，其作用是保证用户信息有效且可靠地传输。因此，信令可看作整个通信网络的神经中枢，其性能在很大程度上决定了一个通信网络为用户提供服务的能力和质量。

严格地讲，信令是这样一个系统，它允许程控交换、网络数据库和网络中其他"智能"节点交换下列有关信息：呼叫建立、监控、拆除、分布式应用进程所需的信息（进程之间的询问/响应，或用户到用户的数据）和网络管理信息。

1.7.1 信令的类型

信令的分类有多种方式，常见的有以下几种。

① 按照信令的功能可分为线路信令、路由信令和管理信令。

② 按照信令所处位置的不同可分为接入信令和网络信令。在移动通信网络中，接入信令用于移动台和基站之间，网络信令用于网络内部之间。

③ 按照信令的传输方式可分为随路信令和共路信令。随路信令是信令消息在对应的语音通道上传送的信令方式，例如中国 1 号信令；共路信令指信令和业务信道完全分开，在公共的链路上以消息的形式传送所有中继线和所有通信业务的信令消息，例如七号信令。

1.7.2 七号信令

移动通信网络内部采用的信令就是七号信令，该信令主要用于在交换机之间、交换机与数据库（如 HLR，VLR，AUC）之间交换信息。NO. 7 是七号信令网的简称。

CCITT NO. 7 信令方式是国际化、标准化的通用公共信道信令系统。七号信令系统将信令与语音通路分开，采用高速数据链路传送信令，具有信道利用率高，信令传送速度快，信令容量大的特点。它不但可以传输传统的中继线路接续信令，还可以传送各种与电路无关的管理、维护、信息查询等消息，而且任何消息都可以在业务通信过程中传递，可支持 ISDN、移动通信、智能网等业务的需求。其信令网与通信网络分离，便于运行维护和管理，可方便地扩充新的信令规范，适应未来信息技术和各种业务发展的需要。

七号信令系统是蜂窝移动通信网络、PCN、ATM 网络及其他数据通信网络的基础。

信令点是七号信令网中处理控制消息的节点。产生消息的信令点为该消息的源信令点，接收消息的信令点为该消息的目的信令点。在七号信令网中，有以下三类信令点。

① 业务交换点（Service Switching Point，SSP）是信令消息的产生或终结点，实质上就是本地交换系统（或交换中心 CO），它发起呼叫或接收呼入。

② 信令转接点（Signal Transfer Point，STP）完成路由器的功能，先查看由 SSP 发来的消息，然后通过网络把每一个消息交换到合适的地方。STP 把其他信令点和网络连接在一起组成更大的网络。

③ 业务控制点（Service Control Point，SCP）是典型的访问数据库服务器，SCP 是智能网业务的控制中心，负责业务逻辑的执行，提供呼叫处理功能，接收 SSP 送来的查询信息和查询数据库，验证后向 SSP 发出呼叫处理指令，接收 SSP 产生的话单并进行相应的处理。

在七号信令网中，ISUP 信令（ISDN User Part）消息是用来建立、管理和释放中心局语音交换机之间的语音中继电路的，提供语音和非语音业务所需的信息交换，用以支持基本的承载业务和附加业务，例如，ISUP 信令消息可以承载主叫 ID、主叫方的电话号码、用户名等。TCAP 信令（Transaction Capabilities Application Part）消息用以支持电话业务，如免费电话、本地号码可携带、卡业务、移动漫游及认证业务。TCAP 主要包括移动应用部分（MAP）和运营、维护和管理部分（OMAP）。MAP 规定移动业务中漫游和频道越局转接等程序，OMAP 仅提供 MTP 和 SCCP 路由正式测试程序。

1.8　移动性管理

1.8.1　位置管理

在移动通信系统中，用户可在系统覆盖范围内任意移动。为了把一个呼叫传递到随机移动的用户处，就必须有一个高效的位置管理系统来跟踪用户的位置变化。

位置管理主要包括两个重要任务：位置登记（Location Registration）和呼叫传递（Call Delivery）。位置登记的步骤是在移动台的实时位置信息已知的情况下，更新位置数据库和认证移动台。呼叫传递的步骤是在有呼叫传送给移动台的情况下，根据寄存器中可用的位置信息来定位移动台。

与上述两个问题紧密相关的另外两个问题是：位置更新（Location Update）和寻呼（Paging）。位置更新解决的问题是移动台如何发现位置变化，以及何时报告它当前的位置。寻呼解决的问题是如何有效地确定移动台当前处于哪一个小区。

位置管理涉及网络处理能力和网络通信能力。网络处理能力涉及数据库的大小、查询的频度和响应速度等；网络通信能力涉及传输位置更新和查询信息所增加的业务量和时延等。位置管理所追求的目标就是以尽可能小的处理能力和附加的业务量，来最快地确定用户位置，以求容纳尽可能多的用户。

1.8.2　越区切换

越区切换（Handover 或 Handoff）是指将正在进行通信的移动台与基站之间的通信链路从当前基站切换到另一个基站的过程，该过程也称自动链路转移（Automatic Link Transfer，ALT）。

越区切换通常发生在移动台从一个基站覆盖的小区进入另一个基站覆盖的小区的情况下，为了保持通信的连续性，将移动台与当前基站之间的链路切换到移动台与新基站之间的链路上。

研究越区切换算法时所关心的主要性能指标包括：越区切换的失败概率、因越区失败而使通信中断的概率、越区切换的速率、越区切换引起的通信中断的时间间隔，以及越区切换发生的时延等。

越区切换分为两类：一类是硬切换，另一类是软切换。硬切换是指在新的连接建立以前，先中断旧的连接。而软切换是指既维持旧的连接，又同时建立新的连接，并利用新旧链路的分集合并来改善通信质量，当与新基站建立可靠连接之后再中断旧链路。

在越区切换时，既可以仅以某个方向（上行或下行）的链路质量为准，也可以同时考虑双向链路的通信质量。

越区切换包括以下三个方面的问题：越区切换的准则、越区切换的控制策略、越区切换时的信道分配。

1. 越区切换的准则

在决定何时需要进行越区切换时，通常根据移动台所处位置接收的平均信号强度确定，也可以根据移动台处的信噪比（或信号干扰比）、误比特率等参数来确定。

越区切换示意图如图 1–11 所示，假定移动台从基站 1 向基站 2 运动，判定何时需要越区切换的准则如下。

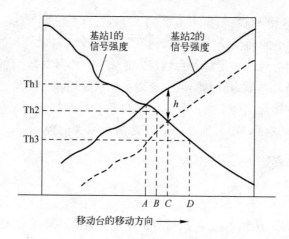

图 1-11　越区切换示意图

（1）相对信号强度准则

在任何时间都选择具有最强接收信号的基站。如在图 1-11 中的 *A* 处将要发生越区切换。这种准则的缺点是：在原基站的信号强度仍满足要求的情况下，会引发太多不必要的越区切换。

（2）具有门限规定的相对信号强度准则

仅允许移动用户在当前基站的信号足够弱（低于某一门限），且新基站信号强于本基站信号的情况下，才可以进行越区切换。如在图 1-11 中，当门限为 Th2 时，在 *B* 点将会发生越区切换。

在这种准则下，门限选择十分重要。例如，在图 1-11 中，如果门限太高，取值为 Th1，则该准则与准则（1）相同。如果门限太低，取值为 Th3，则会引起较大的越区时延。此时，可能会因链路质量较差而导致通信中断，另外，还会引起对同道用户的额外干扰。

（3）具有滞后余量的相对信号强度准则

仅允许移动用户在新基站的信号强度比原基站信号强度强很多（即大于滞后余量）的情况下进行越区切换，如在图 1-11 中的 *C* 点。该技术可以防止由于信号波动引起的移动台在两个基站之间来回重复切换，产生"乒乓效应"。

（4）具有滞后余量和门限规定的相对信号强度准则

仅允许移动用户在当前基站的信号电平低于规定门限，并且新基站的信号强度高于当前基站一个给定滞后余量时，进行越区切换。

2. 越区切换的控制策略

越区切换控制包括两方面：一方面是越区切换的参数控制，另一方面是越区切换的过程控制。参数控制在前面已经提到过，这里主要讨论过程控制。在蜂窝移动通信系统中，过程控制的方式主要有下面三种。

（1）**移动台控制的越区切换**

在该方式中，移动台连续监测当前基站和几个越区时的候选基站的信号强度和质量。当满足某种越区切换准则时，移动台选择具有可用业务信道的最佳候选基站，并发送越区切换请求。

（2）**网络控制的越区切换**

在该方式中，基站监测来自移动台的信号强度和质量，当信号低于某个门限后，网络开始安排向另一个基站的越区切换。网络要求移动台周围的所有基站都监测该移动台的信号，并把测量结果报告给网络。网络从这些基站中选择一个基站作为越区切换的新基站，把结果通过旧基站通知移动台并通知新基站。

（3）**移动台辅助的越区切换**

在该方式中，网络要求移动台测量其周围基站的信号质量并把结果报告给旧基站，网络根据测试结果决定何时进行越区切换，以及切换到哪一个基站。

3. 越区切换时的信道分配

越区切换时的信道分配解决当呼叫转换到新小区时，新小区如何分配信道使越区切换失败的概率最小的问题。常用的做法是在每个小区预留部分信道专门用于越区切换。这种做法的特点是，发起新呼叫时可用信道数减少，增加了呼损率，减少了通话被中断的概率，符合人们的使用习惯。

习题

1-1 移动通信是怎样定义的？

1-2 "5W" 指的是什么？

1-3 移动通信常有哪些分类？

1-4 什么是单工通信、半双工通信和双工通信？

1-5 移动通信的发展历程可分为哪几个阶段？

1-6 基站发射机有哪两种放置方式，分别称为什么？

1-7 信令的类型。

1-8 什么是越区切换？

1-9 FDMA 方式和 TDMA 方式有什么不同？各有哪些特点？

第 2 章　移动通信的传输信道

2.1　移动通信的电波传播特性

2.1.1　无线电波简介

由物理知识可知，通有交流电流的导体周围会产生变化的磁场，变化的磁场又引起变化的电场，变化的电场又在它周围更远的地方引起变化的磁场。磁场、电场不断相互激发，相互交替产生。以波动的形式向四周空间传播的电磁场叫电磁波，无线电波是电磁波的一种，它是能量传输的一种形式。

电磁波的波长、频率和传播速度的关系式为

$$v = \lambda f \tag{2-1}$$

式中，λ 为波长（m）；v 为传播速度（m/s）；f 为频率（Hz）。电磁波的传播速度与传播介质有关，在真空中的传播速度等于光速，即 $c = 3.0 \times 10^8 \mathrm{m/s}$。

2.1.2　无线电波的波段划分

无线电波的频率是有限的，是一种宝贵的资源。习惯上，把无线电波频率范围划分为若干区域，称为频段或波段。无线电波的波段划分如表 2-1 所示，表中列出了波段名称、相应波长范围和主要用途等。

表 2-1　无线电波的波段划分

波段名称	波长范围	频率范围	频段名称	传播介质	用　　途
长波	1~10km	30~300kHz	低频（LF）	地面波	电报、导航、长距离通信
中波	100~1000m	300~3000kHz	中频（MF）	天波、地面波	无线电广播、导航、海上移动通信、地对空通信
短波	10~100m	3~30MHz	高频（HF）	电离层反射波	无线电广播通信、中长距离通信
米波	1~10m	30~300MHz	甚高频（VHF）	天波	雷达、电视、短距离通信

续表

波段名称	波长范围	频率范围	频段名称	传播介质	用　途
分米波	1~10dm	300~3000MHz	特高频（UHF）	天波、空间波	短距离通信、电视通信
厘米波	1~10cm	3~30GHz	超高频（SHF）	天波、外球层传播	中继通信、无线电通信
毫米波	1~10mm	30~300GHz	极高频（EHF）	天波	雷达通信
丝米波或亚毫米波	1~10dmm	300~3000GHz	至高频（THF）	光纤	光通信

我国移动通信系统占用频段情况如下。

① GSM 通信系统占用频段情况。

- GSM900 频段：890~915MHz（上行）；935~960MHz（下行）。
- DCS1800 频段：1710~1785MHz（上行）；1805~1880MHz（下行）。

② 3G 系统占用频段情况。

- TD-SCDMA 频段：1880~1920MHz；2010~2025MHz；2300~2400MHz。
- WCDMA 频段：1940~1955MHz（上行）；2130~2145MHz（下行）。
- cdma2000 频段：1920~1935MHz（上行）；2110~2125MHz（下行）。

③ 4G 系统占用频段情况。

表 2-2 展示了我国 4G 系统占用频段情况。

表 2-2　我国 4G 系统占用频段情况

	TD-LTE	FDD-LTE
中国移动	1880~1900MHz	
	2320~2370MHz	
	2575~2635MHz	
中国联通	2300~2320MHz	1955~1980MHz/2145~2170MHz
	2555~2575MHz	
中国电信	2370~2390MHz	1755~1785MHz/1850~1880MHz
	2635~2655MHz	

2.1.3　无线电波的传播方式

在无线电波的传播环境中，往往有建筑物、树木、山丘等障碍物的存在，直射波受到干扰会产生反射、绕射、散射等现象。无线电波的传播方式主要有以下几种。

（1）直射波

在没有障碍物遮挡的情况下，无线电波以直线方式传播，即直射波。

（2）反射波

当无线电波遇到比其波长大得多的物体时会反射，产生反射波。一般反射发生在地球表面、建筑物墙壁表面、树干等处。

反射波与直射波如图 2-1 所示。

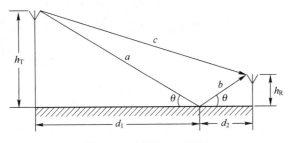

图 2-1　反射波与直射波

（3）绕射波

当无线电波的传播路径被尖锐的阻挡物边缘阻挡时会发生绕射现象，产生绕射波。由阻挡表面产生的二次波散布于空间，甚至到达阻挡物的背面，即在阻挡物的背后产生无线电波。

绕射波的强度受传播环境影响大，且频率越高绕射波信号越弱。

（4）散射波

当无线电波传播的介质中存在小于波长的物体，且单位体积内阻挡物的个数非常多时，会发生散射现象，产生散射波。散射波一般产生于粗糙表面、小物体或其他不规则物体处，例如，树叶、街道标志、灯柱等地方。

（5）透射波

当无线电波到达两种不同介质界面时，将有部分能量反射到第一种介质中，另一部分能量会透射到第二种介质中，透过界面入射到第二种介质的波即为透射波。

2.2　移动通信中的三种损耗

无线电波传播损耗主要由两方面构成，一方面是路径传播过程中的损耗，另一方面是衰落产生的损耗。移动通信中的三种损耗是路径损耗、慢衰落损耗和快衰落损耗。

2.2.1　路径损耗

路径损耗简称路损，是无线电波在传输过程中由传输介质的因素造成的损耗。这些损耗既有自由空间损耗也有由散射、绕射等引起的损耗。研究这些损耗最好的办法就是对路损建模。但由于移动信道的环境和条件依据不同的地点和地形而变化，电磁波经过不同的地貌、采用不同频率的电磁波，路损的模型就不同。对路损建模唯一的方法是用经验公式。前人凭借工程经验对路损做了很多数学建模和定量分析，其中比较著名的是 Okumura（奥村）模型。Okumura 模型是日本科学家奥村于 20 世纪 60 年代经过大量测试总结得出的。该模型以准平滑地形市区的场强中值或路损作为基准，对其他传播环境和地形条件等因素分别以校正因子的形式进行修正。

Okumura 模型提供了大量的图表曲线，利用其可以得到所需要的路损预测值，但利用查表的方法计算路损不够方便。日本科学家 Hata 对奥村的曲线进行了解析，得到预测路损的经验公式，称为 Okumura-Hata 模型。Okumura-Hata 模型适用于宏蜂窝（小区半径大于 1km）系统的路损预测，频率范围是 150~1500MHz，基站有效天线高度在 30~200m 之间，移动台有效天线高度在 1~10m 之间。

在市区，Okumura-Hata 模型的路损公式如下：

$$L_{50}(\mathrm{dB}) = 69.55 + 26.16\lg f_{\mathrm{c}} - 13.82\lg h_{\mathrm{b}} - \alpha(h_{\mathrm{m}}) + (44.9 - 6.55\lg h_{\mathrm{b}})\lg d - K \qquad (2\text{-}2)$$

式中，$f_{\mathrm{c}}(\mathrm{MHz})$ 表示载波频率，$h_{\mathrm{b}}(\mathrm{m})$ 表示基站天线有效高度，$h_{\mathrm{m}}(\mathrm{m})$ 表示移动台天线高度，α 表示移动台天线高度因子，$d(\mathrm{km})$ 表示收发天线之间的距离，$K(\mathrm{dB})$ 表示地区环境修正参数。

2.2.2　慢衰落与快衰落损耗

由于移动通信环境具有复杂性和多样性，信号的强度随时间产生随机变化，这种变化称为衰落。衰落分为慢衰落和快衰落。

慢衰落是由于电磁波在传播路径上遇到障碍物的阻碍，产生阴影效应而造成的传播损耗。之所以叫慢衰落是因为它的变化率比信息传输率慢。慢衰落服从对数正态分布。

快衰落是信号在多径传播过程中产生的衰落。多径传播是指电磁波经历了不同路径而传递到接收端。移动台周围有许多散射、反射和折射体，引起信号的多径传播，使到达的信号之间相互叠加，其合成信号的幅度和相位随移动台的运动表现为快速的起伏变化。其变化率比慢衰落快，故称它为快衰落。由于快衰落表示接收信号的短期变化，所以又称其为短期衰落。快衰落引起的电平起伏服从瑞利分布，相位服从均匀分布。

2.3　移动通信中的四种效应

移动通信信道的三种损耗与四种效应是息息相关的。

（1）阴影效应

阴影效应是指在无线通信系统中，由于大型建筑物和其他物体的阻挡，在电磁波传播的接收区域中产生传播半盲区，从而形成电磁场阴影的现象，类似于太阳光受阻挡后产生的阴影。由于波长的原因，光波是可见波，移动通信中的电磁波是不可见波，因此电磁波的阴影不可见。

（2）多径效应

在移动通信过程中，接收端接收到的信号除直射信号之外，还有经过建筑物、起伏地形和花草树木等的反射、折射、绕射、散射信号。这些通过不同路径到达接收端的信号，在幅度、到达时间及载波相位上都有所不同。接收端接收到的信号是通过这些路径传播过来的信号的矢量之和，这种效应就是多径效应。

（3）远近效应

在移动通信过程中，若各移动用户发射信号的功率一样，那么在到达基站时，信号的强弱将不同，离基站近的信号强，离基站远的信号弱。同样，离基站近的用户接收到的基站信号强，离基站远的用户接收到的信号弱。这就是远近效应。

（4）多普勒效应

当移动台沿某一方向移动时，其运动速度和方向会使接收到的信号频率产生偏差，这种现象称为多普勒效应。多普勒效应如图 2-2 所示。

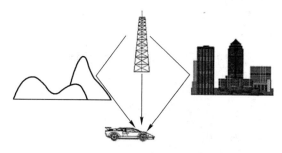

图 2-2　多普勒效应

多普勒效应造成的发射与接收信号的频率之差称为多普勒频移，多普勒频移可用下式表示：

$$f_{\mathrm{D}} = \frac{v}{\lambda}\cos\theta = f_{\mathrm{m}}\cos\theta \tag{2-3}$$

式中，θ 是入射电波与移动台运动方向之间的夹角，λ 是波长，ν 是移动台运动速度。$f_{\mathrm{m}} = \dfrac{v}{\lambda}$

（与入射角度无关）为f_D的最大值，称为最大多普勒频移。

2.4 信道内的噪声与干扰

信号在信道内传输，除损耗和衰落外，还会受到噪声和干扰的影响。

2.4.1 噪声

在蜂窝移动通信系统中，噪声的来源是多方面的，我们把噪声看作系统中对信号有影响的所有干扰的集合。根据它们的不同来源，将其分为内部噪声、人为噪声和自然噪声。其中人为噪声和自然噪声又称外部噪声。

（1）内部噪声

内部噪声来自信道本身所包含的各种电子器件、转换器和天线或传输线等。例如，电阻及各种导体都会在分子热运动的影响下产生热噪声，电子管或晶体管等电子器件会因为电子发射不均匀等原因产生器件噪声。这类干扰是由无数个自由电子做不规则运动形成的，因此它的波形也是起伏变化的，通常称之为起伏噪声。由于在数学上可以用随机过程来描述这类干扰，因此又可称为随机噪声。

（2）人为噪声

人为噪声指各种电气装置中电流或电压发生急剧变化而形成的电磁辐射，诸如电动机、电焊机、高频电气装置、电气开关等产生的火花放电形成的电磁辐射。人为噪声主要是车辆的点火噪声。

通常，人为噪声源的数量和集中程度随地点和时间而异，还和接收天线的高度及接收天线与道路的距离有关。平均人为噪声功率的计算公式为

$$N = N_F k T_0 B_r \qquad (2-4)$$

通常N的单位用 dBW 表示，因此式（2-4）可变为

$$N = N_F + 10\lg k T_0 + 10\lg B_r \qquad (2-5)$$

式中，N_F代表等效噪声系数；k是玻尔兹曼常数，$k = 1.38 \times 10^{-23}$J/K；绝对温度$T_0 = 290$K；B_r代表接收机的带宽，单位为 Hz。

（3）自然噪声

自然噪声包括大气噪声、太阳噪声和银河噪声等。它来源于雷电、磁暴、太阳黑子及宇宙射线等，可以说整个宇宙空间都是产生这类噪声的根源。由于这类自然现象和发生的时间、季节、地区等有很大关系，因此自然噪声的影响也是大小不同的。例如，夏季比冬季严

重，赤道比两极严重，在太阳黑子发生变动的年份天电干扰更为剧烈。这类干扰所占的频谱范围很宽，并且不像无线电干扰那样频率是固定的，因此很难防止其影响。

2.4.2　干扰

在蜂窝移动通信系统组网过程中产生的几种主要干扰有：同频干扰、邻道干扰及互调干扰等。此外，还有发射机寄生辐射干扰，接收机寄生灵敏度干扰，接收机阻塞干扰，收、发信设备内部变频干扰，倍频器产生的组合频率干扰等，这些是设备本身所产生的干扰，在组网时选择满足条件的设备即可消除干扰。下面具体介绍移动通信系统中的三种主要干扰。

（1）同频干扰

所有落在接收机通频带内的、与有用信号频率相同或相近的干扰信号（非有用信号）称为同频干扰。在电台密集的地方，如果频率管理或系统设计不当，就会造成同频干扰。

为了提高频率利用率，在相隔一定距离以外，可以使用同频道基站，称为同频道复用或信道的地区复用。同频道的无线小区相距越远，它们之间的空间隔离度越大，同频干扰越小，频率复用次数也随之减少，即频率利用率越低。在进行无线小区的频率分配时，应在满足一定通信质量要求的前提下，确定相同频率重复使用的最小距离，该距离称为同频道复用最小安全距离。

为减小同频干扰的影响，保证接收信号的质量，必须使接收机输入端的有用信号电平与同频干扰电平之比大于某个数值，该数值被称作射频保护比。

同频道复用距离只与以下因素有关。

① 调制方式。

② 无线电波传播特性。

③ 选用的工作方式，可分为同频单工式和异频双工式。

④ 基站覆盖范围或无线小区半径。

⑤ 要求可靠通信概率。

（2）邻道干扰

邻道干扰是指相邻或相近信道之间的干扰。邻道干扰有两种类型，即发射机调制边带扩展干扰和发射机边带辐射。

解决邻道干扰的措施包括：

① 降低发射机落入相邻频道的干扰功率，即减小发射机的带外辐射。

② 提高接收机的相邻频道选择性。

③ 在网络设计中，避免相邻频道在同一小区或相邻小区内使用，以增加同频道防护比。

（3）互调干扰

当两个或多个不同频率的信号同时输入非线性电路时，由于非线性器件的作用，会产生许多谐波和组合频率分量，其中，与所需信号频率相接近的组合频率分量会顺利地通过接收机而形成干扰。互调干扰分为发射机互调干扰和接收机互调干扰。

发射机互调干扰：一部发射机发射的信号进入了另一部发射机，并在其末级功放的非线性作用下与输出信号相互调制，产生不需要的组合干扰频率，对接收信号频率与这些组合频率相同的接收机造成的干扰。图 2-3 所示为两台发射机之间互调干扰示意图。

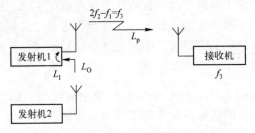

图 2-3　两台发射机之间互调干扰示意图

减小发射机互调干扰的措施有以下几种。

① 加大发射机天线之间的距离。

② 采用单向隔离器件和采用高 Q 谐振腔。

③ 提高发射机的互调转换衰耗。

接收机互调干扰：当多个强干扰信号进入接收机前端电路时，在器件的非线性作用下，干扰信号互相混频后产生的可落入接收机中频频带内的互调产物造成的干扰。

减小接收机互调干扰的措施有以下几种。

① 提高接收机前端电路的线性度。

② 在接收机前端插入滤波器，提高其选择性。

③ 选用无三阶互调的信道组。

在判别信道组是否存在三阶互调时，首先，应将给定的信道序号依次排列；然后，计算任意两信道序号之差，构成差值数字三角形，即差值阵列；最后，检查差值阵列（不包括序号）中是否有重复的数字，若所有数字均不重复，则此信道组为无三阶互调信道组。表 2-3 是依据差值阵列法用计算机选出的无三阶互调信道组。

表 2-3　依据差值阵列法用计算机选出的无三阶互调信道组

需要信道数	最小占用信道数	无三阶互调值信道组的信道序号	信道利用率/%
3	4	1，2，4	75
4	7	1，2，5，7	57
5	12	1，2，5，10，12 1，3，8，11，12	42

续表

需要信道数	最小占用信道数	无三阶互调值信道组的信道序号	信道利用率/%
6	18	1，2，5，11，16，18 1，2，5，11，13，18 1，2，9，12，14，18 1，2，9，13，15，18	33
7	26	1，2，8，12，21，24，26 1，3，4，11，17，22，26 1，2，5，11，19，24，26	27
8	35	1，2，5，10，16，23，33，35 1，3，13，20，26，31，34，35	23
9	46	1，2，5，14，25，31，34，41，46	20
10	56	1，2，7，11，24，27，35，42，54，56	18

2.5 分集技术

在高斯信道中，影响通信质量的主要因素是衰落。分集技术是一种非常有效的补偿方法，它提供了一种接收端对收到的多个携带同一信息但经历独立衰落的信号进行特定处理，以降低信号电平起伏的方法。

分集技术包含两方面内容：一是分散传输，使接收到的多径信号分离成独立的、携带同一信息的多路信号；二是集中处理，将接收到的这些多路信号的能量按一定规则合并起来（包括选择与组合），使接收的有用信号能量最大，从而降低衰落的影响。

2.5.1 分集的分类

按照不同的分类原则，分集有很多种分类方法，从分集涉及基站和接入点的数目来分类，可分为宏分集和微分集。

宏分集也称为多基站分集，主要用于蜂窝通信系统中。这是一种减小衰落影响的分集技术，其做法是把多个基站设置在不同的地理位置（如蜂窝小区的对角）和不同的方向上，同时和小区内的一个移动台进行通信（可以选用其中信号最好的一个基站进行通信）。显然，只要在各方向上的信号传播没有同时受到阴影效应或地形影响而出现严重衰落（基站天线的架设可以防止这种情况发生），这种办法就能保持通信不会被中断。

宏分集技术是 WCDMA 系统的一项重要技术，但在 LTE 系统中却没有被采用。这是因为宏分集技术需要通过无线网络控制器 RNC 来实现，这使得网络架构不能扁平化，满足不了 LTE 系统的延迟要求。

微分集技术也是一种减小衰落影响的分集技术，经常被用在各种无线通信系统中。与宏分集不同，微分集不会涉及很多基站，但是它一般会涉及多个天线（角度分集除外）。理论和实践都表明，在空间、频率、极化、场分量、角度及时间等方面分离的无线信号，都呈现互相独立的衰落特性。相应地，微分集技术可分为空间分集、频率分集、极化分集、场分量分集、角度分集和时间分集六种。

（1）空间分集

空间分集指信号发送端和接收端使用的是天线阵列，各个阵元之间的距离满足接收或者发送信号之间的衰落是不相关的（独立的）条件。也就是说，在任意两个不同的位置上接收同一个信号，只要两个位置的距离大到一定限度，那么两处所收信号的衰落是不相关的（独立的）。为此，空间分集的接收机至少需要两副间隔距离为 d 的天线，间隔距离 d 与工作波长 λ、地物及天线高度有关，通常取值为

- 市区　$d \geqslant 0.5\lambda$；
- 郊区　$d \geqslant 0.8\lambda$。

在满足上式的条件下，两信号的衰落相关性已经很弱；d 越大，相关性就越弱。

（2）频率分集

频率间隔大于相关带宽的两个信号的衰落是不相关的（独立的），因此可以用两个以上不同的频率传输同一信息，以实现频率分集。即频率分集需要用两部以上的发射机（频率相隔 53kHz 以上）同时发送同一信号，并用两部以上的独立接收机来接收信号。这样不仅设备复杂，而且在频谱利用方面也很不经济。

（3）极化分集

极化分集可以看作空间分集的一种特殊情况，它也需要两副天线（二重分集情况），但仅仅是利用不同极化方向的电磁波所具有的不相关衰落特性，因而缩短了天线间的距离。

由于两个不同极化方向的电磁波具有独立的衰落特性，所以发送端和接收端可以用两个位置很近，但不同极化方向的天线分别发送和接收信号，以获得分集效果。

极化分集的优点是空间利用率高，缺点是因为极化分集中的极化方向只有水平极化和垂直极化方向，因此分集支路只有两条；同时由于射频功率分给两个不同的极化天线，因此发射功率要损失 3dB。

（4）场分量分集

根据电磁场理论可知，电磁波的 E 场和 H 场载有相同的消息，其反射机理是不同的。例如，一个散射体反射 E 波和 H 波的驻波图形相位相差 90°，即当 E 波最大时，H 波最小。在移动信道中，多个 E 波和 H 波叠加，结果表明 EZ、HX 和 HY 的分量是互不相关的，因此，通过接收三个场分量，也可以获得分集的效果。场分量分集不要求天线间有实体上的间

隔，适用于较低工作频段（例如低于 100MHz）。当工作频率较高时（800~900MHz），空间分集在结构上容易实现。

场分量分集的优点是不像极化分集那样要损失 3dB 的发射功率。

（5）角度分集

角度分集是利用单个天线上不同角度到达的信号的衰落独立性来实现抗摔落的一种分集方式。它也是空间分集的一个特例，与空间分集相比，角度分集在空间利用上有独特的优势，但是性能略差。显然，角度分集在较高频率时更容易实现。

（6）时间分集

同一信号在不同的时间区间内多次重发，只要各次发送的时间间隔足够大，那么各次发送信号所出现的衰落将是彼此独立的，接收机将重复收到的同一信号合并，就能减小衰落的影响。时间分集主要用于在衰落信道中传输数字信号。此外，时间分集也有利于克服移动信道中由多普勒效应引起的信号衰落现象。

2.5.2　分集合并技术

在接收端，要将不同分集支路上接收到的信号合并，通常有三种合并技术，即选择式合并（Selection Combining）、最大比合并（Maximal Ratio Combining）和等增益合并（Equal Gain Combining）。

（1）选择式合并

所有的接收信号送入选择逻辑系统，选择逻辑从所有接收信号中选择具有最高基带信噪比的基带信号作为输出信号。二重分集选择式合并原理图如图 2-4 所示。

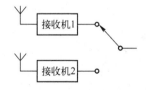

图 2-4　二重分集选择式合并原理图

（2）最大比合并

最大比合并原理图如图 2-5 所示。每路信号的加权系数与包络成正比，与噪声功率成反比，合并器对加权后的各路信号求和。

加权系数：$a_k = \dfrac{r_k}{N_k}$。

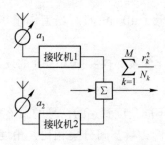

图 2-5　最大比合并原理图

合并器输出信号包络：$r_R = \sum_{k=1}^{M} a_k r_k = \sum_{k=1}^{M} \frac{r_k^2}{N_k}$。

最大比合并的特点：合并原理复杂，但抗衰落性能最好。所以，即使各路信号都很差，以至于没有一路信号可以被单独解调时，最大比合并方法仍然能合成出一个达到解调所需信噪比要求的信号。在所有已知的线性分集合并方法中，这种方法的抗衰落性能是最好的。

（3）等增益合并

在某些情况下，按最大比合并需要产生可变的加权系数并不方便，因而，出现了等增益合并方法，如图 2-6 所示。这种方法也是把各支路信号进行同相后再相加，只不过加权时各路的加权系数 $a_k = 1$。这样，接收机仍然可以利用同时接收到的各路信号，并且，接收机从大量无法正确解调的信号中合成一个可以正确解调的信号的概率仍很大，其性能只比最大化合并方法略差，但比选择式合并方法要好。

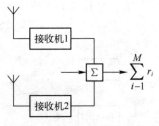

图 2-6　等增益合并方法

2.5.3　Rake 接收机

Rake 接收技术是第三代 CDMA 移动通信系统中的一项重要技术。在 CDMA 移动通信系统中，由于信号带宽较宽，存在复杂多径无线电信号，通信受到多径衰落的影响。Rake 接收技术实际上是一种多径分集接收技术，可以在时间上分辨出细微的多径信号，对这些分辨出来的多径信号分别进行加权调整、使之复合成加强的信号。由于该接收机中横向滤波器具有类似锯齿状的抽头，就像耙子（Rake）一样，故称该接收机为 Rake 接收机。其理论基础是：当传播时延超过一个码片周期时，多径信号实际上可被认为是互不相关的。

M 支路 Rake 接收机原理图如图 2-7 所示，Rake 接收机利用多个相关器分别检测多径信号中最强的 M 个支路信号，对每个相关器的输出进行加权，以提供优于单路相关器的信号检测结果，再在此基础上进行解调和判决。

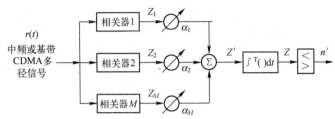

图 2-7　M 支路 Rake 接收机原理图

2.6　均衡技术

在移动通信中，多径的影响会导致传输的信号产生符号间干扰，使被传输的信号失真，从而在接收机中产生误码。均衡技术正是一种克服符号间干扰的技术，它通过在基带系统中插入一种可调（或不可调）的滤波器来补偿整个系统的幅频和相频特性，从而减少码间串扰的影响。实现均衡的滤波器称为均衡器。均衡分为时域均衡和频域均衡。

（1）时域均衡

时域均衡直接从时间响应的角度考虑，使包括均衡器在内的整个传输系统的冲激响应满足无码间干扰的时域条件，即

$$h(kT_s) = \begin{cases} 1(\text{或其他常数}), & k=0 \\ 0, & k \neq 0 \end{cases} \tag{2-6}$$

从实现上来说，一般时域均衡采用的横向滤波器技术主要包括延迟器、可变权值乘法器等技术。横向滤波器的结构如图 2-8 所示。

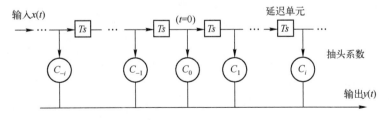

图 2-8　横向滤波器的结构

（2）频域均衡

频域均衡从频率响应的角度考虑，利用可调滤波器的频率特性来弥补实际信道的幅频特性和群延迟特性，使包括均衡器在内的整个系统的总频率特性满足无码间干扰传输条件，即满足

$$H(\omega) = \begin{cases} 1(\text{或其他常数}), & |\omega| \leqslant \omega_b/2 \\ 0, & |\omega| > \omega_b/2 \end{cases} \tag{2-7}$$

习题

2-1 无线电波的波段是如何划分的？简要说明各波段的用途。

2-2 什么是反射波、绕射波和散射波？

2-3 电波传播时将产生哪些效应？

2-4 信号的衰落是怎样产生的？快衰落和慢衰落有什么不同？

2-5 移动通信中的干扰有哪些？

2-6 什么是邻道干扰？如何减小或避免邻道干扰？

2-7 互调干扰是怎样产生的？用什么方法可以减小互调干扰？

2-8 什么是分集接收技术？从分集涉及基站和接入点的数目来分类，如何对其进行分类？

第 3 章　移动通信的调制技术

3.1　调制技术的概念

信号源的编码信息中含有直流分量和频率较低的交流分量，称为基带信号。基带信号一般不能直接作为传输信号，必须有一个载波来运载基带信号。载波相对于基带信号而言频率非常高，更适合于信道传输。对信号源的编码信息进行处理，使其变为适合于信道传输的形式的过程，就是调制。调制通过改变高频载波的幅度、相位或频率，使其随基带信号的变化而变化；而解调是调制的逆变换过程，可将基带信号从载波中提取出来。调制前的基带信号称为调制信号，经过调制后的基带信号叫作已调信号，已调信号是带通信号。

第一代蜂窝移动通信系统采用模拟调频（FM）传输模拟语音信号，信令系统采用二进制频移键控（2FSK）调制技术。第二代数字蜂窝移动通信系统（GSM 系统）采用高斯最小频移键控（GMSK）调制技术，北美的 IS—54 系统和日本的 PDC 系统采用 π/4 四相相对相移键控（π/4-DQPSK）调制技术，CDMA 系统（IS—95 系统）的下行信道采用正交相移键控（QPSK）调制技术、上行信道采用偏移四相相移键控（OQPSK）调制技术。第三代移动通信系统采用多进制正交幅度调制（MQAM）技术、平衡四相扩频调制（BQM）技术、复四相扩频调制（CQM）、双四相扩频调制（DQM）技术。

3.2　调制技术的分类

调制的方式有很多种，根据调制信号的形式不同可分为模拟调制和数字调制，根据调制信号改变载波参量（幅度、频率或相位）的不同，模拟调制又可分为幅度调制（AM）、频率调制（FM）和相位调制（PM）。数字调制也有三种方式：幅移键控（ASK）、频移键控（FSK）和相移键控（PSK）。

从第二代移动通信系统开始，都采用了数字调制技术。和模拟调制相比，数字调制和解调的抗噪性能更好，编码和纠错的技术更复杂，通信系统的安全性和可靠性更高。数字调制的分类如图 3-1 所示。

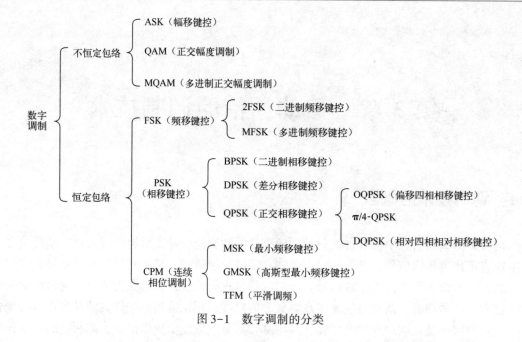

图 3-1　数字调制的分类

3.3　二进制数字调制技术

调制信号是二进制数字基带信号的调制称为二进制数字调制。在二进制数字调制中，载波的幅度、频率和相位只有两种变化状态。主要的调制方法有二进制幅移键控（2ASK）、二进制频移键控（2FSK）和二进制相移键控（2PSK）。

3.3.1　二进制幅移键控（2ASK）

幅移键控是利用载波的幅度变化来传递数字信息的，其频率和初始相位保持不变。在 2ASK 中，载波的幅度只有两种变化状态，分别对应二进制信息 "0" 或 "1"。

2ASK 信号的一般表达式为

$$e_{2ASK} = s(t)\cos\omega_c t \tag{3-1}$$

其中，

$$s(t) = \sum_n a_n g(t - nT_B) \tag{3-2}$$

式（3-2）中，T_B 为码元持续时间；$g(t)$ 为持续时间为 T_B 的基带脉冲波形。通常假设 $g(t)$ 是高度为 1、宽度等于 T_B 的矩形脉冲；a_n 是第 n 个符号的电平取值，其取值为

$$a_n = \begin{cases} 1 & \text{概率为 } P \\ 0 & \text{概率为 } 1-P \end{cases} \tag{3-3}$$

2ASK 信号的时间波形如图 3-2 所示。

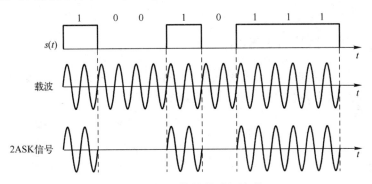

图 3-2　2ASK 信号的时间波形

2ASK 信号的产生方法通常有两种：模拟调制法和数字键控法，2ASK 信号调制器原理图如图 3-3 所示。

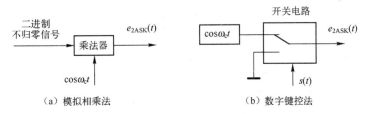

图 3-3　2ASK 信号调制器原理图

2ASK 信号有两种基本的解调方法：非相干解调（Noncoherent Demodulation，又叫包络检波法）和相干解调（Coherent Demodulation，又叫同步检波法），2ASK 信号的接收系统组成如图 3-4 所示。

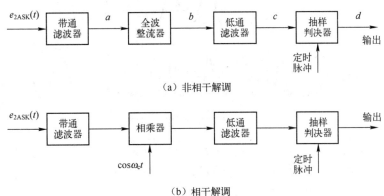

图 3-4　2ASK 信号的接收系统组成

在传输过程中，噪声电压和信号一起改变了振幅，所以 2ASK 是受噪声影响最大的调制技术，现已较少应用。

3.3.2　二进制频移键控（2FSK）

频移键控是利用载波的频率变化来传递数字信息的。在 2FSK 中，载波的频率随二进制基带信号在 f_1 和 f_2 两个频率点间变化，其表达式为

$$e_{2FSK} = \begin{cases} A\cos(\omega_1 t + \varphi_n) & \text{发送"1"时} \\ A\cos(\omega_2 t + \theta_n) & \text{发送"0"时} \end{cases} \tag{3-4}$$

2FSK 信号的时间波形如图 3-5 所示。由图可见，2FSK 信号的波形（a）可以分解为波形（b）和波形（c），也就是说，一个 2FSK 信号可以看成两个不同载频的 2ASK 信号的叠加。因此，2FSK 信号的时域表达式又可写作

$$e_{2FSK} = s_1(t)\cos(\omega_1 t + \varphi_n) + s_2(t)\cos(\omega_2 t + \theta_n) \tag{3-5}$$

式（3-5）中，$s_1(t)$ 和 $s_2(t)$ 均为单极性脉冲序列，且当 $s_1(t)$ 为正电平脉冲时，$s_2(t)$ 为零电平，反之亦然；φ_n 和 θ_n 分别是第 n 个信号码元（1 或 0）的初始相位。在频移键控中，φ_n 和 θ_n 不携带信息，通常可令 φ_n 和 θ_n 均为零。因此，2FSK 信号的表达式可简化为

$$e_{2FSK} = s_1(t)\cos\omega_1 t + s_2(t)\cos\omega_2 t \tag{3-6}$$

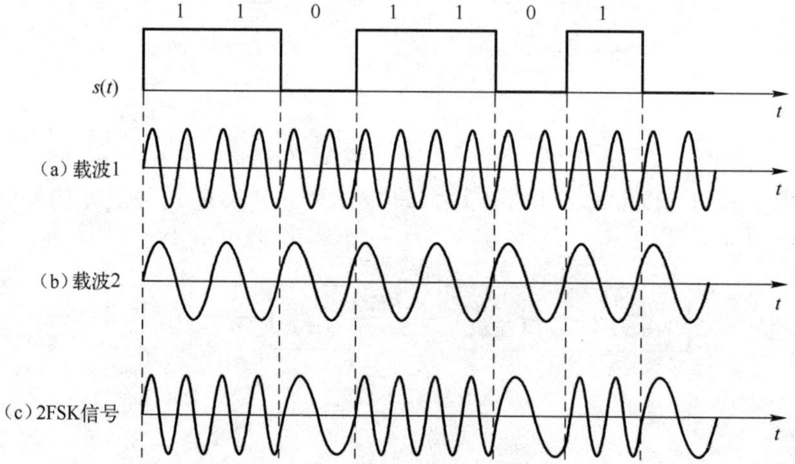

图 3-5　2FSK 信号的时间波形

2FSK 信号的产生方法主要有两种：一种为调频法，即采用模拟调频电路来产生 2FSK 信号；另一种为键控法，即通过开关电路对两个不同的独立频率进行选通。键控法产生 2FSK 信号原理图如图 3-6 所示。这两种方法产生 2FSK 信号的差异在于，由调频法产生的 2FSK 信号在相邻码元之间的相位是连续变化的，而键控法产生的 2FSK 信号是由开关电路

选通独立频率源形成的，故相邻码元之间的相位不一定连续。

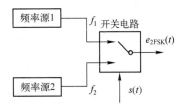

图 3-6　键控法产生 2FSK 信号原理图

2FSK 信号有两种常用的解调方法：非相干解调（包络检波法）和相干解调，2FSK 信号解调原理图如图 3-7 所示。其解调原理是将 2FSK 信号分解为上、下两路 2FSK 信号分别进行解调，然后进行判决。判决规则应与调制规则相呼应，调制时若规定"1"符号对应载波频率 f_1，则接收时上支路的样值较大，应判为"1"；反之则判为"0"。

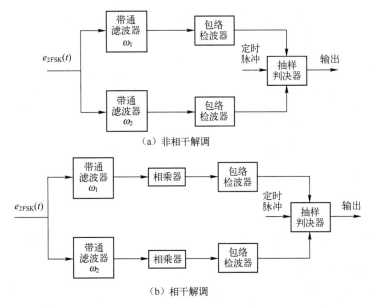

图 3-7　2FSK 信号解调原理图

除此之外，2FSK 信号还有其他解调方法，比如鉴频法、差分检测法、过零检测法等。图 3-8 为过零检测法原理图及各点时间波形。

2FSK 在数字通信中应用较为广泛。国际电信联盟（ITU）建议在数据传输速率低于 1200bps 时采用 2FSK 体制。2FSK 可以采用非相干接收方式，接收时不必利用信号的相位信息，因此特别适合应用于衰落信道/随参信道（如短波无线电信道）场合，这些信道会引起信号的相位和振幅随机抖动和起伏。

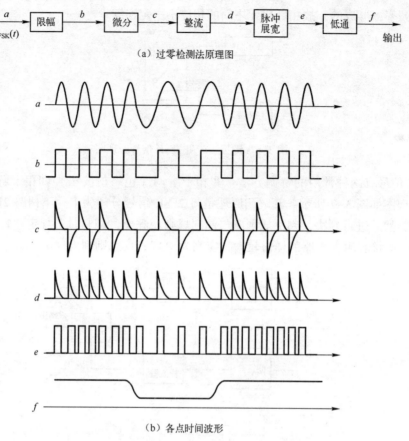

（a）过零检测法原理图

（b）各点时间波形

图 3-8 过零检测法原理图及各点时间波形

3.3.3 二进制相移键控（2PSK）

相移键控利用载波的相位变化来传递数字信息，而振幅和频率保持不变。在 2PSK 中，通常用初始相位 0 和 π 分别表示二进制 "0" 和 "1"。因此，2PSK 信号的时域表达式为

$$e_{2PSK}(t) = A\cos(\omega_c t + \varphi_n) \tag{3-7}$$

式（3-7）中，φ_n 表示第 n 个符号的绝对相位，即

$$\varphi_n = \begin{cases} 0 & \text{发送 "0" 时} \\ \pi & \text{发送 "1" 时} \end{cases} \tag{3-8}$$

因此，式（3-7）可以改写为

$$e_{2PSK}(t) = \begin{cases} A\cos\omega_c t & \text{概率为 } P \\ -A\cos\omega_c t & \text{概率为 } 1-P \end{cases} \qquad (3-9)$$

其中

$$s(t) = \sum_n a_n g(t - nT_B) \qquad (3-10)$$

这里，$g(t)$ 为脉宽为 T_B 的单个矩形脉冲；a_n 的统计特性为

$$a_n = \begin{cases} 1 & \text{概率为 } P \\ -1 & \text{概率为 } 1-P \end{cases} \qquad (3-11)$$

即发送二进制符号"0"时（当 $a_n = 1$ 时），$e_{2PSK}(t)$ 取 0 相位；发送二进制符号"1"时（当 $a_n = -1$ 时），$e_{2PSK}(t)$ 取 π 相位。这种以载波的不同相位直接去表示相应二进制数字信号的调制方式，称为二进制绝对相移方式。

2PSK 信号的时间波形如图 3-9 所示。

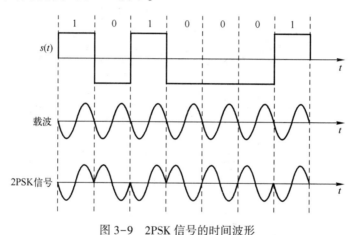

图 3-9　2PSK 信号的时间波形

2PSK 信号的调制原理图如图 3-10 所示。其与 2ASK 信号的产生方法相比较，只是对 $s(t)$ 的要求不同，在 2ASK 中 $s(t)$ 是单极性的，而在 2PSK 中 $s(t)$ 是双极性的基带信号。

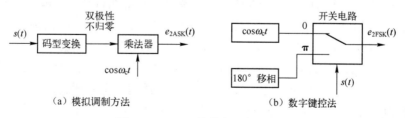

图 3-10　2PSK 信号的调制原理图

2PSK 信号的解调通常采用相干解调法，其解调原理图如图 3-11 所示。

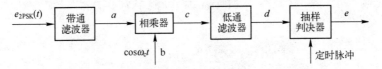

图 3-11　2PSK 信号的解调原理图

2PSK 信号相干解调各点时间波形如图 3-12 所示。

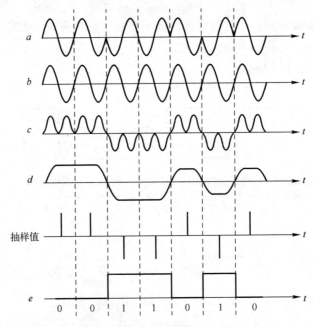

图 3-12　2PSK 信号相干解调各点时间波形

　　由于在 2PSK 信号的载波恢复过程中存在着 180° 的相位模糊，即恢复的本地载波与所需的相干载波可能同相，也可能反相，这种相位关系的不确定性将会造成解调信号的"倒 π"现象或"反相工作"，即"1"变为"0"，"0"变为"1"，判决器输出数字信号全部出错。因此，实际应用中很少采用 2PSK 方式，而是采用 DPSK（差分相移键控）方式。

　　2DPSK（二进制差分相移键控）是利用前后相邻码元的载波相对相位变化传递数字信息的，所以又称二进制相对相移键控。假设 $\Delta\varphi$ 为当前码元与前一码元的载波相位差，可定义一种数字信息与 $\Delta\varphi$ 之间的关系为

$$\Delta\varphi = \begin{cases} 0 & \text{表示数字信息"0"} \\ \pi & \text{表示数字信息"1"} \end{cases} \tag{3-12}$$

一组二进制数字信息与其对应的 2DPSK 信号的载波相位关系如下。

二进制数字信息：　　1 1 0 1 0 0 1 1 0

2DPSK 信号相位：(0) π 0 0 π π π 0 π π

或　　　　　　(π) 0 π π 0 0 0 π 0 0

2DPSK 信号的相位并不直接代表基带信号，相应的 2DPSK 信号调制过程波形如图 3-13 所示。

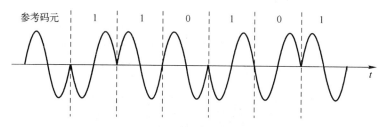

图 3-13　2DPSK 信号调制过程波形

2DPSK 信号调制器原理图如图 3-14 所示。图 3-15 是 2DPSK 信号极性比较法解调原理图。图 3-16 是 2DPSK 信号相位比较法解调原理图及各点波形。

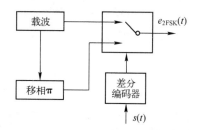

图 3-14　2DPSK 信号调制器原理图

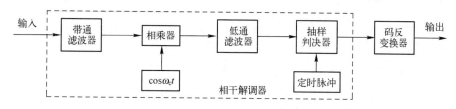

图 3-15　2DPSK 信号极性比较法解调原理图

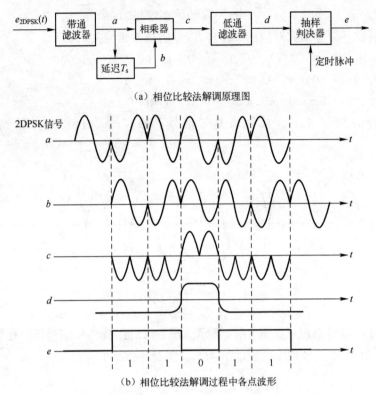

（a）相位比较法解调原理图

（b）相位比较法解调过程中各点波形

图 3-16 2DPSK 信号相位比较法解调原理图及各点波形

3.4 多进制数字调制

3.4.1 正交相移键控（QPSK）

正交相移键控（QPSK）又称四相相移键控，即 4PSK，它有 4 种相位状态，各自对应四进制的 4 种数据（码元），即 00、01、10、11。图 3-17 所示为 QPSK 信号星座图。由于每一种载波相位代表 2 比特信息，所以每个四进制码元又被称为双比特码元。载波的相位为 4 个间隔相等的值 $\pm\pi/4$，$\pm3\pi/4$，其相位的星座图如图 3-17（a）所示；也可以将相位的星座图旋转 45°，得到图 3-17（b），其相位值是 0，$\pm\pi/2$，π，该图为偏移四相相移键控（OQPSK）调制相位的星座图。

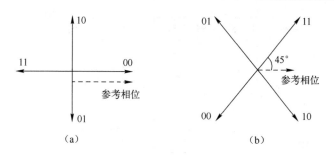

图 3-17　QPSK 信号星座图

图 3-18 是相乘法产生 QPSK 信号原理框图，图 3-19 是相位选择法产生 QPSK 信号原理框图。QPSK 信号解调原理框图如图 3-20 所示。由于 QPSK 信号可以看作两个正交 2PSK 信号的叠加，所以用两路正交的相干载波去解调，可以很容易地分离这两个正交的 2PSK 信号。相干解调后的两路并行码元 a 和 b，经过并/串变换后，成为串行数据输出。

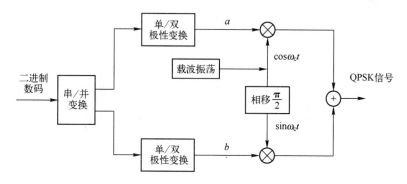

图 3-18　相乘法产生 QPSK 信号原理框图

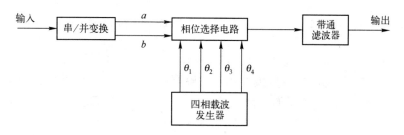

图 3-19　相位选择法产生 QPSK 信号原理框图

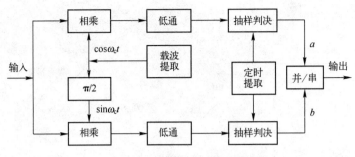

图 3-20　QPSK 信号解调原理框图

3.4.2　四进制差分相移键控（DQPSK）

DQPSK 信号的产生方法和 QPSK 信号的产生方法类似，只是需要将输入基带信号先经过码变换器，将绝对码变成相对码再去调制（或选择）载波。图 3-21 所示为采用正交调相法产生 DQPSK 信号的原理框图。图中 a 和 b 为经过串/并变换后的一对码元，它需要再经过码变换器变换成相对码 c 和 d 后才能与载波相乘。

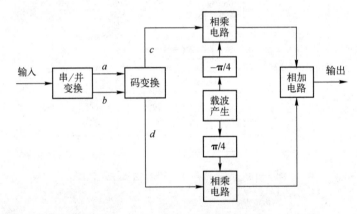

图 3-21　采用正交调相法产生 DQPSK 信号的原理框图

DQPSK 信号的解调方法和 QPSK 信号的解调方法类似，也有两类，即极性比较法和相位比较法。图 3-22 是 DQPSK 信号极性比较法解调原理框图。由此图可见 DQPSK 信号的极性比较法解调原理和 QPSK 信号的一样，只是多一步码反变换，将相对码变成绝对码。

DQPSK 信号相位比较法解调原理框图如图 3-23 所示。由此图可见，它和 2DPSK 信号相位比较法解调的原理基本一样，只是由于现在的接收信号包含正交的两路已调载波，故需要用两个支路差分相干解调。

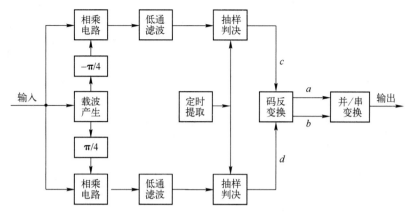

图 3-22 DQPSK 信号极性比较法解调原理框图

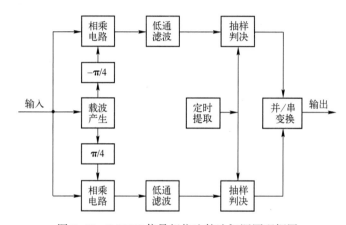

图 3-23 DQPSK 信号相位比较法解调原理框图

习题

3-1 什么是调制？为什么要进行调制？

3-2 调制一般分哪几类？各有什么特点？

3-3 相干解调和非相干解调的原理、区别。

第 4 章　移动通信的编码技术

在数字通信中，原始信息在传输之前要实现两级编码：信源编码和信道编码。实现信源编码模拟语音信号数字化。对语音信号进行数字化处理，采用低码率数字语音编码，可以提高频带的利用率和信道容量；同时采用具有较强纠错能力的信道编码技术，可使移动通信系统在较低载干比（载波信号强度/干扰信号强度，C/I）的条件下运行，从而保证良好的通话质量。

4.1　信源编码

在发送端，把经过采样和量化后的模拟信号变换成数字脉冲信号的过程，称为信源编码。信源编码主要完成两个任务：一是将模拟信号转换成数字信号；二是实现数据压缩。信源编码通常分为三类：波形编码、参量编码和混合编码。其中波形编码和参量编码是两种基本类型，混合编码是前两者的衍生物。

1. 波形编码

波形编码技术直接对语音波形采样、量化，并用二进制码表示。脉冲编码调制（PCM）和增量调制（DM）是波形编码的代表。

（1）优点

① 具有很宽范围的语音特性，对各类模拟语音波形信号进行编码均可达到很好的效果。

② 抗干扰能力强，具有优良的语音质量。

③ 技术成熟、复杂度不高。

④ 费用适中。

（2）缺点

波形编码的编码速率要求高，一般要求在 16～64kbps 之间；所占用的频带较宽，只适用于有线通信系统。

2. 参量编码

参量编码以人类发声机制的模型为基础，用一套模拟声带频谱特性的滤波器系数和若干声源参数来描述这个模型，在发送端从模拟语音信号中提取各个特征参量并进行量化编码。包括线性预测编码（LPC）及各种改进型。目前移动通信系统的语音编码技术大多以这种类型的技术为基础。

（1）优点

由于只需传输语音特征参量，所以参量编码的语音编码速率可以很低，一般在 2～4.8kbps 之间，并且对语音可懂度没有多少影响。

（2）缺点

语音有明显的失真现象，并且对噪声较为敏感，语音质量较低，不能达到商用语音质量的要求。

3. 混合编码

混合编码将波形编码和参量编码结合起来，力图保持波形编码语音的高质量与参量编码的低速率。目前移动通信中使用的混合编码包括规则脉冲激励长期预测编码（RPE-LTP）和应用于 IS—95 CDMA 蜂窝移动通信系统的码激励线性预测编码（CELP）。

特点：数字语音信号中既包括若干语音特征参量又包括部分波形编码信息，混合编码结合了波形编码和参量编码两者的优点。

4.2 差错控制编码

数字信号在传输过程中受到干扰的影响，码元波形将被破坏，接收端收到信号后可能发生错误判决。为此，在传送数字信号时，往往要进行各种编码。通常把在信息码元序列中加入监督码元的方法称为差错控制编码，也叫纠错编码。

从差错控制的角度看，按照加性干扰引起的错码分布规律的不同，可把信道分为三类：随机信道、突发信道和混合信道。恒参高斯白噪声信道是典型的随机信道，其中差错的出现是随机的，而且错误之间是统计独立的。具有脉冲干扰的信道是典型的突发信道，错误是"成串成群"出现的，即在短时间内出现大量错误。短波信道和对流层散射信道是混合信道的典型例子，随机错误和成串错误都占相当大的比例。对于不同类型的信道，应采用不同的差错控制方式。

1. 常用的差错控制方式

常用的差错控制方式有 3 种：检错重发方式（ARQ）、前向纠错方式（FEC）和混合纠错方式（HEC）。

（1）检错重发方式

检错重发方式又称自动请求重传方式（Automatic Repeat-reQuest，ARQ），由发送端发送能够检测错误的码，由接收端判决传输中有无错误产生，如果发现错误，则通过反向信道把这一判决结果反馈给发送端，然后，发送端把接收端认为错误的信息重发，从而达到正确传输的目的。其特点是需要反向信道，译码设备简单，对突发错误和信道干扰较严重时有效，但实时性差。这种方式主要应用在计算机数据通信中。

（2）前向纠错方式

前向纠错方式记作 FEC（Forword Error-Correction）。发送端发送能够纠正错误的码，接收端收到码后自动纠正传输中的错误。其特点是单向传输、实时性好，但译码设备较复杂。

（3）混合纠错方式

混合纠错方式记作 HEC（Hybrid Error-Correction），是 FEC 与 ARQ 方式的结合。发送端发送具有自动纠错同时又具有检错能力的码。接收端收到后，检查差错情况，如果错误在码的纠错能力范围以内，则自动纠错，如果超过了码的纠错能力，但能检测出来，则经过反馈信道请求发送端重发。这种方式具有自动纠错和检错重发的优点，可达到较低的误码率，因此，近年来得到广泛的应用。

2. 常用的差错控制编码

移动通信中常用的差错控制编码包括线性分组码、循环码、卷积码、Turbo 码和低密度奇偶校验码（LDPC 码）。

（1）线性分组码

线性分组码是信道编码中最基本的一类码。在线性分组码中，监督码元仅与所在码组中的信息码元有关，且两者之间是通过预定的线性关系联系起来的。线性分组码中的分组是指编码过程是按分组进行的，编码的过程是先把要传送的信息每 k 位分为一组，每隔单位时间给编码器送入 1 个信息组，编码器按照预定的线性规则，把信息码组变换成 n 重（$n>k$）码字。这种信息位长为 k，码长为 n 的线性分组码，记为（n，k），用 $\eta=k/n$ 表示码字中信息位所占的比重，称之为编码效率，简称码率。码率反映了该码的信道利用率。

通常定义码组中非零码元的数目为码的重量，简称码重。把两个码组中对应码位上具有不同二进制码元的位数定义为这两个码组的距离，称为汉明（Hamming）距离，简称码距。码组集中任意两个码字之间距离的最小值称为码的最小距离，用 D_0 表示。例如 11000 与 10011 之间的距离 $D=3$。最小码距是码的一个重要参数，它是衡量码检错、纠错能力的依据。

在 (n,k) 码中，对于 k 个信息元。有 $2k$ 种不同的信息组，则有 $2k$ 个码字分别与之一一对应，每个码字码长为 n。这些码组的集合构成代数中的群，因此又称之为群码或块码。它具有以下性质。

① 任意两个码字之和（模 2 和）仍为一个码字，即具有封闭性。

② 码的最小距离等于非零码的最小重量。

（2）循环码

循环码是线性分组码中最重要的一个子类，这类码可以用简单的反馈移位寄存器来实现，易于检错和纠错，是一种很有效的编译码方法。

循环码除具有线性分组码所具有的特点之外，还具有自己独特的循环性，即循环码 C 中任意一个码字，经过循环移位后仍然是 C 中的码字。例如，设 $(c_{n-1}c_{n-2}\cdots c_0)$ 是 (n,k) 循环码 C 的一个码字，我们用码多项式 $C(x)$ 来表示循环码的码字：

$$C(x)=c_{n-1}x^{n-1}+c_{n-2}x^{n-2}+\cdots+c_0 \tag{4-1}$$

该码字循环一次的码多项式是原码多项式 $C(x)$ 两边乘 x 再除以 x^n+1 的余式，写作

$$C^1(x)=xC(x) \quad （模\ x^n+1） \tag{4-2}$$

推广下去，$C(x)$ 的 i 次循环移位 $C^i(x)$ 是 $C(x)$ 乘 x^i 再除以 x^n+1 的余式，即

$$C^i(x)=x^iC(x) \quad （模\ x^n+1） \tag{4-3}$$

既然循环码也是一种线性分组码，它的构成就可沿用上节中的方法。在 (n,k) 循环码的码字中，取前 $k-1$ 位皆为零的码字 $g(x)$（其次数 $r=n-k$），根据循环码的循环特性，将 $g(x)$ 经 $k-1$ 次循环移位，可得到 k 个码字 $g(x),xg(x),\cdots,x^{k-1}g(x)$。

（3）卷积码

如前面所述，分组码是把 k 个信息比特的序列编成 n 比特（在非二进制分组码中则为 n 个非二进制符号）的码组，每个码组的 $(n-k)$ 个校验位仅与本码组的 k 个信息位有关，而与其他码组无关。为了达到一定的纠错能力和编码效率（RC$=k/n$），分组码的码组长度通常都比较大。编译码时必须把整个信息码组存储起来，由此产生的延时随着 n 的增加而线性增加。

这里介绍的卷积码则是另一类编码，它也是把 k 个信息比特编成 n 比特的码组，但 k 和 n 通常很小，特别适宜于以串行形式传输信息，延时小。与分组码不同，卷积码中编码后的

n 个码元不但与当前段的 k 个信息有关，而且与前面（$n-1$）段的信息有关，编码过程中相互关联的码元为 $N=n\times n$ 个。卷积码的纠错能力随着 N 的增加而增加，而差错率随着 N 的增加而呈指数级下降。在编码器复杂性相同的情况下，卷积码的性能优于分组码。另一点不同是：分组码有严格的代数结构，但在卷积码中至今尚未找到如此严密的数学手段，把纠错性能与码的构成有规律地联系起来，目前通常采用计算机来搜索好码。

（4）Turbo 码

Turbo 码适用于高速率、对译码时延要求不高的数据传输业务，并可降低对发射功率的要求，增加系统容量。WCDMA、TD-SCDMA 和 cdma2000 均用到了 Turbo 码，LTE 也将 Turbo 写入了标准。

无论是从信息论还是从编码理论来看，要想尽量提高编码的性能，就必须要加大编码中具有约束关系的序列长度。但是直接提高分组编码长度或卷积码约束长度都使得系统的复杂性急剧上升。在这种情况下，Forney 提出了级联码的概念，即以多个短码来构造长码的方法，这样既可以减少译码的复杂性，同时又能得到等效长码的性能。一种广泛应用的级联结构就是以 R-S 码作为外码，以卷积码作为内码的串联结构。

Turbo 码是一种基于广义级联码概念的新型编码方案，它代表着纠错控制编码研究领域内的重大进展。它在加性噪声（AWGN）信道下，进行信噪比为 0.7dB、码率为 1/2 的常规信道编码时，可使比特误码率达 10^{-5}。Turbo 码是一种新的纠错编码，Turbo 码编码端由两个或更多卷积码并行级联构成，译码端采用基于软判决信息输入/输出的反馈迭代结构。在理论上，Turbo 码的性能已非常接近信道编码的极限。

Turbo 码编码器结构如图 4-1 所示，其中 D 是寄存器。其基本编码过程是：未编码的数据信息，即输入信息流 $\boldsymbol{u}=(u_1,\cdots,u_N)$ 直接进入编码器 1，同时，输入信息流 $\boldsymbol{u}$ 经交织器后进入编码器 2。

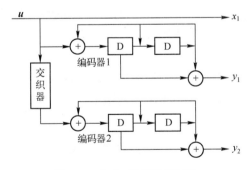

图 4-1　Turbo 码编码器结构

Turbo 码的译码采用的是具有反馈迭代结构的译码器，Turbo 码译码器典型结构如图 4-2 所示。

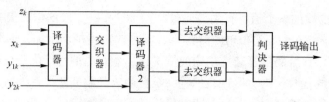

图 4-2 Turbo 码译码器典型结构

在图 4-2 中，x_k 为信息符号序列，z_k 为外部信息，y_{1k} 和 y_{2k} 为校验序列。译码器 1 和译码器 2 都采用软输出译码算法，且译码器 2 的软输出信息经解交织后反馈至译码器 1，其目的是去掉已用过的本支路输出符号中本身的信息，实现判决译码的准确无误。

由于标准维特比（Viterbi）译码算法无法给出已被译出比特的后验概率等软输出信息，因此，对标准维特比译码算法进行如下修正：在每一次删除似然路径时保留必要的信息，把这一信息作为标准维特比译码的软输出，形成事实上的软输出维特比译码算法（SOVA）。此外，目前还有一种基于码元的最大后验概率译码算法，即 MAP 算法。MAP 算法是 Turbo 码的最早译码算法，它采用对数似然函数即后验概率比值的对数值作为其软判决输出。这种方法对于线性块编码和卷积码而言，能使其比特误码率最小。因 SOVA 具有计算简单、存储量小、易于硬件实现等优点，所以得到更为广泛的应用。

Turbo 码是近年来备受瞩目的一项新技术。虽然它的复杂性、译码时延对一些应用稍微有些不合适，但基本上可以认为它是目前已知的可实现的好码之一。

（5）低密度奇偶校验码（LDPC 码）

LDPC 码早在 20 世纪 60 年代就已经提出，但因为码长太长，需要较大的存储空间，且编码过程极其烦琐复杂，所以限于当时的技术条件，很长时间无人问津。直到 1993 年，Berrou 提出了 Turbo 码后，人们发现 Turbo 码其实就是一种 LDPC 码，LDPC 码再次引起了人们的研究兴趣。人们设计出了性能非常接近随机构造的 LDPC 码的准循环 LDPC 码。准循环 LDPC 码可以得到具有准循环性的生成矩阵、校验矩阵和生成矩阵，使得编码和译码实现的复杂度都大大降低。

LDPC 码是信道编码中纠错能力最强的一种码，而且其译码器结构简单，可以用较少的资源消耗获得极高的吞吐量，因此其应用前景相当广泛。

4.3 交织技术

交织技术在实际应用中经常与其他纠错码结合使用，许多信道中的错误都是突发性的，错误集中在一起，常常超出了纠错码的纠错能力。在信道编码中采用交织技术，可打乱码字比特之间的相关性，将信道传输过程中的成群突发错误转换为随机错误，随机错误更容易通过纠错编码技术纠正。引入交织技术后，系统的纠错性能可以提高好几个数量级。这种采用交织技术构造出来的编码方法就称为交织编码。

交织编码实质上是一种时间扩散技术，它把信道错误的相关性减小。当交织度足够大时，就把突发错误离散成随机错误，从而使错误可以被分组码所纠正。

下面简要介绍交织编码过程。把信息编成纠错能力为 t（或纠正突发错误的能力为 b）的 (n, k) 分组码，再将它们排列成如下阵列：

$$\begin{matrix} C_{11} & C_{12} & \cdots & C_{1n} \\ C_{21} & C_{22} & \cdots & C_{2n} \\ \vdots & \vdots & & \vdots \\ C_{m1} & C_{m2} & \cdots & C_{mn} \end{matrix} \tag{4-4}$$

其中，每行是 (n, k) 码的一个码字，假设共有 m 行，这样构成的码阵就是 (mn, mk) 交织码的一个码字，每行称为它的一个行码，m 称为交织度。输出时，规定按列的顺序自左至右读出，这时的序列就变为

$$C_{11}C_{21}\cdots C_{m1}C_{12}C_{22}\cdots C_{m2}\cdots C_{1n}C_{2n}\cdots C_{mn} \tag{4-5}$$

在接收端，将上述过程逆向重复，即把收到的序列按列写入存储器，再按行读出，就恢复成原来的 (n, k) 分组码。

从上述交织的过程来看，(n, k) 码经过交织后，每个码字相邻码元之间相隔了 $m-1$ 位，这样就可把传输时的突发错误分散。若行码能纠正 t 个随机错误（或纠正 b 个突发错误），则 (mn, mk) 交织码能纠正所有长度不大于 mt 的单个突发错误（或长度不大于 mb 的单个突发错误），或者能纠正 t 个长度不大于 m 的突发错误。当然，m 越大，传输过程中产生的时延也越长，因此 m 的取值要受到允许的传输时延的限制。

交织技术除了与分组码结合应用，还可以与卷积码结合起来，用于纠正移动信道中的突发错误，并已被成功应用于扩频 CDMA 系统中。

习题

4-1　信源编码有哪几类？

4-2　常用的差错控制的方式有哪些？

4-3　常用的差错控制编码有哪些？

4-4　Turbo 码与传统级联码有何区别？

4-5　LDPC 码应具有哪些条件才能实现良好的纠错性能？

4-6　什么是交织技术？

第 5 章　数字基带传输及扩频通信

5.1　基带传输

利用 PCM 方式或 △M 方式所得到的信号称为数字基带信号，它的特点是其所占据的频谱基本上是从零频或低频开始的。将这种信号不经过频谱搬移，只经过简单的频谱变换进行的传输，称为数字信号的基带传输。

5.1.1　数字基带信号的常用码型

数字基带信号是数字信息序列的一种电信号表示形式，它包括代表不同数字信息的码元格式（码型）及体现单个码元的电脉冲形状（波形）。它的主要特点是功率谱集中在零频率附近。

典型的数字基带信号码型如图 5-1 所示，图中码型具体介绍如下。

① 单极性非归零码：用一个脉冲宽度等于码元间隔的矩形脉冲的有无来表示码 "1" 或 "0"，如图 5-1（a）所示。这种信号中含有直流分量。

② 双极性非归零码：用宽度等于码元间隔的两个幅度相同、极性相反的矩形脉冲来表示 "1" 或 "0"（如用正极性脉冲表示 "1"，用负极性脉冲表示 "0"），如图 5-1（b）所示。由于实际数字消息序列中码元 "1" 和 "0" 出现的概率基本相等，所以这种形式的基带信号中直流分量近似为零。

③ 单极性归零码：表示码元的方法与单极性非归零码同，但矩形脉冲的宽度小于码元间隔，即每个脉冲都在相应的码元间隔内回到零电位，所以称为单极性归零码，如图 5-1（c）所示。

④ 双极性归零码：与双极性非归零码类似，只是脉冲的宽度小于码元间隔，如图 5-1（d）所示。

⑤ 差分码：用相邻脉冲的极性变化与否来表示二进制码元 "1" 或 "0"（如用相邻脉冲极性的改变表示 "1"，用极性不改变表示 "0"），如图 5-1（e）所示。由于它是用相邻

脉冲极性或电平的变化与否来表示不同数字信息的，因此又叫相对码。与此相对应，前面列举的，用脉冲的有无或极性的正负来表示不同数字信息的，称为绝对码。

⑥ 交替极性码：用无脉冲信号表示码元"0"，而码元"1"则交替地用正和负极性脉冲表示，如图 5-1（f）所示。交替极性码又叫双极方式码、平衡对称码、信号交替反转码等。

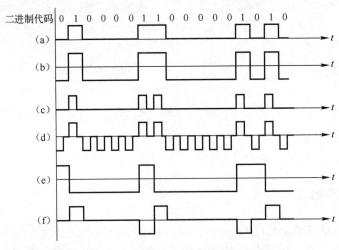

图 5-1　典型的数字基带信号码型

此外，还有多电平码和三阶高密度双极性码等，以上这些不同的码型之间，可以通过一定电路进行转换。实际系统中可根据不同码型的特点，选择最适合的一种。例如，单极性码含有直流分量，因此不适合在线路中传输，通常只用于设备内部；双极性码和交替极性码的直流分量基本等于零，因此较适于在线路中传输；多电平信号，由于其具有传信率高及抗噪声性能较差的特点，适合于要求高传信率而信道噪声较小的场合。需要指出的是，表示信息码元的单个脉冲的波形并不一定是矩形的。根据实际需要和信道情况，还可以是高斯脉冲、升余弦脉冲等其他形式。

5.1.2　数字基带系统的组成

数字基带传输系统框图如图 5-2 所示，它通常由脉冲形成器、发送滤波器、信道、接收滤波器、抽样判决器、同步提取电路和码元再生器组成。

脉冲形成器输入的是由电传机、计算机等终端设备发送来的二进制数据序列或是经模/数转换后的二进制（也可是多进制）脉冲序列，用 $\{d_k\}$ 表示，它们一般是脉冲宽度为 T_b 的单极性码，根据前面对单极性码讨论的结果可知，其并不适合信道传输，脉冲形成器

的作用是将 $\{d_k\}$ 变换为适合信道传输的码型并提供同步定时信息，保证收、发双方同步工作。发送滤波器 [传递函数为 $G_T(\omega)$] 的作用是将输入的矩形脉冲变换为适合信道传输的波形。这是因为矩形脉冲含有丰富的高频成分，若直接送入信道传输，容易产生失真现象。

基带传输系统的信道 [传递函数为 $C(\omega)$] 通常是电缆、架空明线等。信道在传送信号的同时因为存在噪声和频率特性不理想的情况而对数字信号造成损害，使波形产生畸变，严重时产生误码。接收滤波器 [传递函数为 $G_R(\omega)$] 是接收端为了减小信道特性不理想和噪声对信号传输的影响而设置的，其主要作用是滤除带外噪声并均衡已接收的波形，以便抽样判决器正确判决。抽样判决器的作用是对接收滤波器输出的信号在规定的时刻（由定时脉冲控制）进行抽样，然后对抽样值进行判决，以确定各码元是"1"还是"0"。码元再生器的作用是对抽样判决器输出的"0""1"进行原始码元再生，从而获得与输入码型相应的原脉冲序列。同步提取电路的任务是提取收到信号中的定时信息。

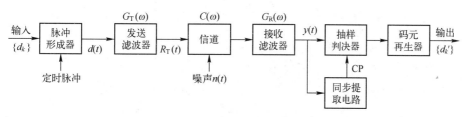

图 5-2　数字基带传输系统框图

基带传输系统各点的波形如图 5-3 所示。显然在传输过程中第 4 个码元发生了误码。前面已经指出，误码的原因是信道加性噪声和频率特性不理想引起的波形畸变，使码元之间相互干扰，码间串扰示意图如图 5-4 所示。此时实际抽样判决值是本码元的值与几个邻近脉冲拖尾及加性噪声的叠加。这种脉冲拖尾重叠，并在接收端造成判决困难的现象叫作码间串扰（或码间干扰）。

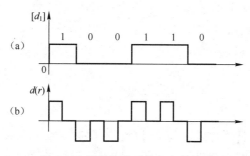

图 5-3　基带传输系统各点的波形

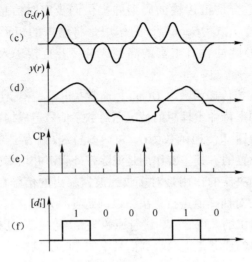

图 5-3 基带传输系统各点的波形（续）

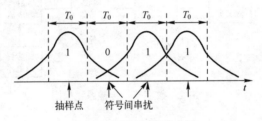

图 5-4 码间串扰示意图

5.2 扩频通信技术

扩频技术在 1980 年前后开始应用于军事和情报系统，通过将信号扩展到很宽的频带上并以较低的单位频带功率来传输，从而达到抗干扰和低截获概率通信的目的。近年来，扩频技术开始广泛应用于移动通信系统。基于扩频技术的码分多址（CDMA）被应用于 3G 蜂窝系统，其中包括 WCDMA 和 cdma2000。扩频技术同时也被应用于无线局域网（WLAN）标准，例如，IEEE 801.11（WiFi）和无线个域网络，例如，蓝牙（Bluetooth）。

5.2.1 扩频的概念和分类

扩频通信是一种信息传输方式，其信号所占有的频带宽度远大于所传信息必需的最小带宽。带宽的扩展是通过独立于消息且接收机已知的扩频码或伪随机噪声（PN）序列来实现的。接收机利用一个同步的 PN 序列的复制品对接收到的信号进行解扩以恢复消息。带宽的扩展并不具有抗加性高斯白噪声（AWGN）的能力，然而，扩频信号的带宽特征可用于减轻有意或无意的加性干扰和利用其在频率选择性衰落信道上固有的分集特性。

按照扩展信号频谱方式的不同，扩频通信系统可分为直接序列（DS）扩频、跳频（FH）扩频、跳时（TH）扩频等，其中最主要的两种类型是直接序列扩频和跳频扩频。

1. 直接序列（Direct Sequence，DS）扩频

直接序列扩频系统采用扩频序列（由伪随机序列产生器产生）来扩展信号的频谱，在接收端用相同的扩频序列解扩，把展宽的扩频信号还原成原始信息。这种扩频方式可应用于 CDMA 移动通信中。

图 5-5 所示为 DS 发射机原理框图，图 5-6 所示为 DS 接收机原理框图。

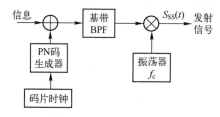

图 5-5　DS 发射机原理框图

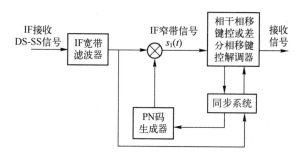

图 5-6　DS 接收机原理框图

2. 跳频（Frequency Hopping，FH）扩频

跳频扩频系统的载波频率伪随机地在一个有限的频率集内跳动。跳频系统最常用的调制方式是多级频移键控（MFSK）。基本的跳频扩频调制类型有两种：快跳频（FFH）和慢跳频（SFH）。FFH 系统在多个跳频频率上发送相同的数据符号，而 SFH 系统在每个跳频频率上发送一个或多个数据符号。

图 5-7 是 FH 发射机原理框图，图 5-8 是 FH 解跳原理框图。

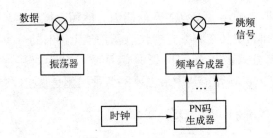

图 5-7 FH 发射机原理框图

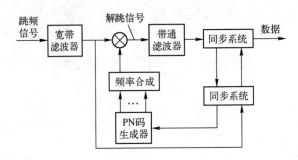

图 5-8 FH 解跳原理框图

3. 跳时（Time Hopping, TH）扩频

与跳频相似，跳时是使发射信号在时间轴上跳变，用伪码序列来启闭信号的发射时刻和持续时间，发射信号的"有""无"同伪码序列一样是伪随机的。在这种方式中，将传输时间划分成帧，每帧再划分成时隙，时隙图如图 5-9 所示。在每帧内，一个时隙调制一个信息。帧的所有信息比特累积发送。

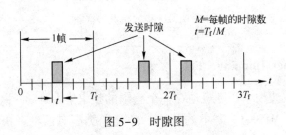

图 5-9 时隙图

跳时扩频技术一般与跳频技术相结合，构成"时频跳变"系统。

5.2.2　伪随机序列

在扩频通信中，扩频码常采用伪随机序列。伪随机序列又称伪噪声（PN）码或伪随机码。可以预先确定并可以重复实现的序列称为确定序列；既不能预先确定又不能重复实现的序列称为随机序列；具有随机特性，貌似随机序列的确定序列称为伪随机序列。通常采用的伪随机码有 m 序列、Gold 序列等多种伪随机序列。

1. m 序列

m 序列是最长线性反馈移位寄存器序列的简称。它是由带线性反馈的移位寄存器产生的周期最长的序列。若移位寄存器为 n 级，则其周期 $P = 2^n - 1$。图 5-10 所示为 4 级线性反馈移位寄存器 m 序列的产生过程。其初始状态为 $(a_3, a_2, a_1, a_0) = (1, 0, 0, 0)$，则在移位 1 次时，由 a_3 和 a_0 模 2 相加产生新的输入 $a_4 = 1 \oplus 0 = 1$，新的状态变为 $(a_4, a_3, a_2, a_1) = (1, 1, 0, 0)$。这样移位 15 次后又回到初始状态 $(1, 0, 0, 0)$。可见，若初始状态为全 "0" 状态，即 $(0, 0, 0, 0)$，则移位后得到的仍为全 "0" 状态。这就意味着这种反馈移位寄存器应该避免出现全 "0" 状态，否则移位寄存器的状态将不会改变。因为 4 级移位寄存器共有 $2^4 = 16$ 种可能的状态。除全 "0" 状态外，只剩 15 种状态可用。也就是说，由任何 4 级反馈移位寄存器产生的序列的周期最长为 15。一般来说，一个 n 级线性反馈移位寄存器可产生的最长周期等于 $2^n - 1$。

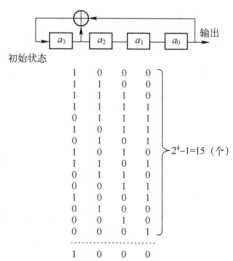

图 5-10　4 级线性反馈移位寄存器 m 序列的产生过程

m 序列是一种典型的伪随机序列，具有伪随机序列的 3 个特性。

① 对于任何周期的 m 序列，一个周期内所含的 1 与 0 位数的比例是一定的，若采用的

移位寄存器为 n 级，1 的位数为 2^{n-1}，0 的位数为 $2^{n-1}-1$，1 和 0 位数仅相差 1 位，可粗略地认为 1 与 0 的位数接近相等。

② 把序列中取值（0 或 1）相同的一段称为一个游程，各游程中的位数称为游程长度。取值为 0（两端外接 1）的叫作 0 游程，取值为 1（两端外接 0）的叫作 1 游程。例如，有 4 个连 1（连 0）元素称其游程长度为 4，有 3 个连 1（或连 0）的元素，则游程长度为 3，以此类推。伪噪声码有以下游程特性：长度为 1 的游程占游程总数的 1/2，长度为 2 的游程占游程总数的 1/4，长度为 3 的游程占游程总数的 1/8，依次递减。

③ m 序列具有良好的自相关性，均满足双值特性。自相关系数如下式：

$$R_x(\tau) = \begin{cases} 1 & \tau = 0 \\ -\dfrac{1}{P} & \tau \neq 0, \tau = 1, 2, \cdots, P-1 \end{cases} \qquad (5-1)$$

但互相关特性有很大差异，只有少数 m 序列间满足三值互相关，且随着 n 值的增大，相关值会不断减小。互相关系数如下式：

$$R_{xy}(\tau) = \left\{ -\frac{1}{P}, -\frac{t(n)}{P}, \frac{t(n)-2}{P} \right\} \qquad (5-2)$$

其中

$$t(n) = \begin{cases} 2^{(n+1)/2}+1, & n \text{ 为奇数} \\ 2^{(n+2)/2}+1, & n \text{ 为偶数，但不是 4 的倍数} \end{cases} \qquad (5-3)$$

2. Gold 序列

m 序列，尤其是 m 序列优选对，具有优良特性，但数目很少，不便于在 CDMA 系统中应用。为解决地址码的数量问题，R. Gold 提出了一种基于 m 序列优选对的码序列，称为 Gold 序列。Gold 序列是 m 序列的复合码，它是由两个码长相等、码片时钟频率相同的 m 序列优选对移位模 2 加构成的，当改变其中一个 m 序列的相位时，可得到一个新的 Gold 序列。Gold 序列的生成原理如图 5-11 所示。

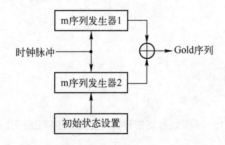

图 5-11　Gold 序列的生成原理

m 序列发生器 1、m 序列发生器 2 产生一对 m 序列优选对。m 序列发生器 1 的初始状态固定不变,调整 m 序列发生器 2 的初始状态,在同一时钟脉冲的控制下,经过模 2 加后得到 Gold 序列。改变 m 序列发生器 2 的初始状态,可得到不同的 Gold 序列。

Gold 序列具有与 m 序列优选对类似的相关性,而且构造简单,数量大,在码分多址系统中被广泛应用。Gold 序列的主要特性如下。

（1）Gold 序列的数量

周期 $P = 2^n - 1$ 的 m 序列优选对产生的 Gold 序列,其中每个 m 序列的不同移位都产生新的 Gold 序列,$P = 2^n - 1$ 个不同的相对移位,加上原来 2 个 m 序列本身,共有 $2^n + 1$ 个 Gold 序列。随着 n 的增加,Gold 序列以 2 的 n 次幂增长。远远超过同级数 m 序列的数量,并且具有优良的相关性,便于扩频多址的应用。

（2）平衡的 Gold 序列

当 Gold 序列的一个周期内 "1" 的码元数比 "0" 的码元数仅多 1 个时,称该 Gold 序列为平衡的 Gold 序列,其在实际工程中用于平衡调制时载波抑制度较高。对于周期 $P = 2^n - 1$ 的 m 序列优选对生成的 Gold 序列,当 n 是奇数时,$2^n + 1$ 个 Gold 序列中有 $2^{n-1} + 1$ 个平衡的 Gold 序列,约占 50%；当 n 是偶数（且 n 不是 4 的倍数）时,有 $2^{n-1} + 2^{n-2} + 1$ 个平衡的 Gold 序列,约占 75%。也就是说,数量庞大的 Gold 序列,只有约 50%（n 是奇数）或 75%（n 是偶数,且不是 4 的倍数）的平衡的 Gold 序列可在 CDMA 通信系统中应用。

（3）Gold 序列的相关特性

周期 $P = 2^n - 1$ 的 m 序列优选对产生的 Gold 序列具有与 m 序列优选对类似的相关性。自相关函数 $R_x(\tau)$ 在 $\tau = 0$ 时与 m 序列相同,具有尖锐的自相关峰；当 $1 \leqslant \tau \leqslant P - 1$ 时,互相关函数值与 m 序列有所差别,不再是 $-\dfrac{1}{P}$,而是满足三值特性,即 $\left\{ -\dfrac{1}{P}, -\dfrac{t(n)}{P}, \dfrac{t(n)-2}{P} \right\}$。

同一对 m 序列优选对产生的 Gold 序列连同这两个 m 序列中,任意两个序列的互相关特性都和 m 序列优选对一样,其互相关值只取 $R_c(\tau)$ 中的一个值。

习题

5-1 数字基带信号有哪些常用码型?

5-2 什么是码间串扰?

5-3 什么是扩频技术? 它有什么优点?

5-4 什么是跳频扩频? 它有哪些特点?

5-5 什么是伪随机序列?

第6章　GSM——全球移动通信系统

6.1　GSM 的发展历程

　　第一代模拟移动通信系统出现于 20 世纪 80 年代初期，采用蜂窝组网技术，多址技术为频分多址方式（FDMA），小区内所有用户共用若干个信道，信道中传输的是模拟语音信号，所以被称为"模拟移动通信系统"。第一代模拟移动通信系统对当时的通信事业做出了很大的贡献，但随着移动通信的不断发展，其缺点也逐渐显现出来，如用户容量小、保密性差、各国制式不兼容等。因此，欧洲邮电管理委员会（CEPT）于 1982 年成立了移动通信特别小组（简称 GSM），开始制定一种泛欧数字移动通信系统的技术规范，陏后，数字蜂窝移动通信在欧洲问世了，从此，移动通信进入了第二代——数字时代，GSM 也逐渐成为移动通信的代名词。

6.2　GSM 的结构

　　GSM（Global System for Mobile Communications，全球移动通信系统）也叫数字移动通信系统，属于第二代移动通信系统。该系统采用频分多址和时分多址相结合的方式，扩大了用户容量，信道中传输的全部是数字信号，保密性能得到了提升。我国参照 GSM 标准制定了自己的技术标准，主要内容有：使用 900MHz 频段，即 890～915MHz（移动台→基站）和 935～960MHz（基站→移动台），收发间隔为 45MHz，载频间隔为 200kHz。共 124 个载波，每个载波有 8 个信道，基站的最大功率为 300W，小区半径为 0.5～35km，调制类型为 GMSK，传输速率为 270kbps。

　　GSM 由四部分组成，即网络交换子系统（NSS）、基站子系统（BSS）、操作维护中心（OMC）和移动台（MS），GSM 组成示意图如图 6-1 所示。

　　图中各部分英文缩写含义如下。

- NSS（Network Switching Subsystem）：网络交换子系统
- BSS（Base Station Subsystem）：基站子系统

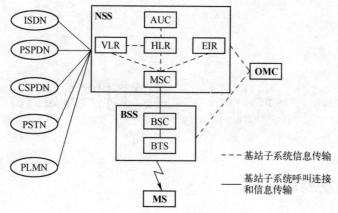

图 6-1   GSM 组成示意图

- OMC（Operation and Maintenance Center）：操作维护中心
- MS（Mobile Station）：移动台
- VLR（Visitor Location Register）：拜访位置寄存器
- HLR（Home Location Register）：归属位置寄存器
- EIR（Equipment Identity Register）：设备识别寄存器
- AUC（Authentication Center）：鉴权中心
- MSC（Mobile Switching Center）：移动交换中心
- BSC（Base Station Controller）：基站控制器
- BTS（Base Transceiver Station）：基站收发台
- ISDN（Integrated Services Digital Network）：综合业务数字网
- PSPDN（Packet Switched Public Data Network）：分组交换公用数据网
- CSPDN（Circuit Switched Public Data Network）：电路交换公共数据网
- PSTN（Public Switched Telephone Network）：公共交换电话网
- PLMN（Public Land Mobile Network）：公共陆地移动网

6.2.1   网络交换子系统（NSS）

网络交换子系统（NSS）是整个 GSM 的控制中心和交换中心，它负责所有与移动用户有关的呼叫接续处理、移动性管理、用户设备及保密管理等功能，并提供 GSM 与其他网络之间的连接。网络交换子系统由移动交换中心（MSC）、拜访位置寄存器（VLR）、归属位置寄存器（HLR）、设备识别寄存器（EIR）和鉴权中心（AUC）等功能实体组成。通常 HLR 与 AUC 合设于一个物理实体中，而 MSC、VLR 与 EIR 合设于另一个物理实体中，也有将 MSC、VLR、EIR、HLR、AUC 都设在一个物理实体中的产品。

1. MSC（移动交换中心）

MSC 是 GSM 的核心，在其覆盖区域内对 MS 进行控制，MSC 是交换的功能实体，也是移动通信系统与其他公用通信网络之间的接口。MSC 提供交换功能，能够实现移动用户寻呼接入、信道分配、呼叫接续、话务量控制、计费、基站管理等功能，还可实现 BSS 与 MSC 之间的切换和辅助性的无线资源管理、移动性管理等功能，并提供面向系统其他功能实体和面向固定网络（PSTN、ISDN 等）的接口功能。作为网络的核心，MSC 与网络其他部件协同工作，实现移动用户位置登记、越区切换和自动漫游、合法性检验及频道转接等功能。

MSC 处理用户呼叫所需的数据与 HLR、VLR 和 AUC 三个数据库有关，MSC 根据用户当前位置和状态信息更新数据库。

2. VLR（拜访位置寄存器）

VLR 是存储所有来访用户位置信息的数据库，为已经登记的移动用户提供建立呼叫接续的必要条件。一个 VLR 通常为一个 MSC 控制区服务，也可为几个相邻的 MSC 控制区服务。当移动用户漫游到新的 MSC 控制区时，它必须向该地区的 VLR 申请登记。VLR 要从该用户的 HLR 查询相关参数，为该用户分配一个新的漫游号码（MSRN），并通知其 HLR 修改该用户的位置信息，准备为其他用户呼叫此移动用户提供路由信息。当移动用户从一个 VLR 服务区移动到另一个 VLR 服务区时，HLR 在修改该用户的位置信息后，还要通知原来的 VLR，删除此移动用户的位置信息。因此，VLR 可看作一个动态的数据库。

VLR 用于寄存所有进入本交换机服务区域用户的信息。VLR 可被看作分布的 HLR，由于每次呼叫，它们之间有大量的信令传递，若分开，信令链路负荷大，所以在爱立信系统中，VLR 和 MSC 配对合置于一个物理实体中，将 MSC 与 VLR 之间的接口做成 AXE 的内部接口。

在 VLR 中存储两类信息：一类是本交换区的用户参数，该参数是从 HLR 中获得的；另一类是本交换区移动台的位置区标识（LAI）。

3. HLR（归属位置寄存器）

HLR 是 GSM 的一个中央数据库，用来存储本地用户的数据信息。一个 HLR 能够控制若干个移动交换区域或整个移动通信网络，所有用户重要的静态数据都存储在 HLR 中。在 GSM 网络中，通常设置若干个 HLR，每个用户都必须在某个 HLR（相当于该用户的原籍）中登记。登记的内容分为两类：一类是永久性参数，如用户号码、移动设备号码、接入的优先等级、预定的业务类型及保密参数等；另一类是暂时性的、需要随时更新的参数，即用户当前所处位置的有关参数，即使用户漫游到 HLR 所服务的区域之外，HLR 也要登记由该区传送来的位置信息。这样做的目的是保证当呼叫任何一个不知处于哪个地区的移动用户时，均可由该移动用户的 HLR 获知它当时处于哪个地区，从而建立起通信链路。

HLR 存储两类数据：一类是用户的参数，包括 MSISDN、IMSI、用户类别、Ki、附加业务等；另一类是用户的位置信息，即该移动用户目前处于哪个 MSC/VLR 中的 MSC/VLR 地址。

4. EIR（设备识别寄存器）

EIR 也叫设备身份登记器，是存储有关移动设备参数的数据库。主要完成对移动设备的识别、监视、闭锁等功能。每个移动设备都有唯一的国际移动设备识别码（IMEI），通过核查白色清单、黑色清单和灰色清单三种表格，分别列出准许使用、出现故障须监视、失窃不准使用的 IMEI。运营部门可据此确定被盗移动设备的位置并将其阻断，对故障移动设备采取及时的防范措施。

5. AUC（鉴权中心）

AUC 存储用户的加密信息，属于 HLR 的一个功能单元，是一个受到严密保护的数据库，专用于 GSM 的安全性管理。它是产生为确定移动用户的身份和对呼叫保密所需鉴权、加密的三个参数——随机号码（RAND）、签字响应（SRES）和密钥（Kc）的功能实体，用户的鉴权和加密都须通过系统提供的用户三参数组参与完成。

AUC 存储着鉴权信息与加密密钥，用来进行用户鉴权及对无线接口上的语音、数据、信令信号加密，防止无权用户接入，保证移动用户的通信安全。

6.2.2 基站子系统（BSS）

根据功能的不同，基站子系统（BSS）可分为基站控制器（BSC）和基站收发台（BTS）两部分。BTS 实现无线资源的接入功能，而 BSC 则实现无线资源的控制功能。

BSC 位于 MSC 与 BTS 之间，具有对一个或多个 BTS 进行控制和管理的功能，主要用于实现无线信道的分配、BTS 和 MS 发射功率的控制，以及越区信道切换等功能。BSC 也是一个小交换机，它把局部网络汇集后通过 A 接口与 MSC 相连。

BTS 包含无线传输所需要的各种硬件和软件，如发射机、接收机、支持各种小区结构（如全向、扇形、星状和链状）所需要的天线、连接基站控制器的接口电路，以及收发信台本身所需要的检测和控制装置等。BTS 完全由 BSC 控制，主要负责无线传输，实现无线与有线的转换、无线分集、无线信道加密、跳频等功能。

此外，BSS 系统还包括码变换和速率适配单元（TRAU）。TRAU 通常位于 BSC 与 MSC

之间，主要完成 16kbps 的 RPE-LTP 编码和 64kbps 的 A 律 PCM 编码之间的码型变换。

6.2.3　操作维护子中心（OMC）

OMC 是 GSM 的操作维护部分。GSM 的所有功能单元都可以通过各自的网络连接 OMC，通过 OMC 可以实现 GSM 网络各功能单元的监视、状态报告和故障诊断等功能。

OMC 分为两部分：OMC-S（操作维护中心-系统部分）和 OMC-R（操作维护中心-无线部分）。OMC-S 用于 NSS 系统的操作和维护，OMC-R 用于 BSS 系统的操作和维护。

6.2.4　移动台（MS）

移动台（Mobile Station）是移动用户终端设备，可分为车载型、便携型和手持型三种，其中手持型移动台就是我们平常所说的"手机"。它是 GSM 中直接由移动用户使用的终端设备，它由移动设备（ME）和用户识别卡（SIM 卡）两部分组成。用户的所有信息都存储在 SIM 卡上，系统中的任何一台移动设备都可以利用 SIM 卡来识别移动用户。MS 可实现语音编码、信道编码、信息加密、信息的调制和解调、信息的发射和接收功能。

SIM 卡是用户识别模块，对一个用户来说是唯一的，它类似于现在所用的 IC 卡。存有认证用户身份所需的所有信息，并能执行一些与安全保密有关的重要信息，从而防止非法用户进入网络。SIM 卡还存储与网络和用户相关的管理数据，只有在插入 SIM 后，移动终端才能接入网络，进行正常通信。

6.3　GSM 网络接口

GSM 网络作为公用电话网的一部分，可与其他通信网络相连。其他通信网络可以是公共交换电话网（PSTN）、综合业务数字网（ISDN）、分组交换公用数据网（PSPDN）、电路交换公共数据网络（CSPDN）或公共陆地移动网络（PLMN）等。

6.3.1　GSM 网络接口介绍

为了保证不同厂商生产的移动台、基站子系统和网络子系统设备能纳入同一个 GSM 数字移动通信网络运行和使用，GSM 系统各功能实体之间的接口定义明确，同样，GSM 规范对各接口所使用的分层协议也进行了详细的定义。GSM 系统各接口采用的分层协议结构是符合开放系统互连（OSI）参考模型的。分层的目的是允许隔离各组信令协议功能，按连接的独立层描述协议，每层协议在明确的服务接入点对上层协议提供特定的通信服务。

GSM 网络接口图如图 6-2 所示。图 6-2 中各接口介绍如下。

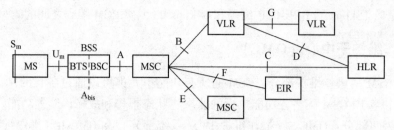

图 6-2　GSM 网络接口图

（1）S_m 接口

S_m 接口又叫人机接口，是用户与移动网络之间的接口，在移动设备中 S_m 接口包括键盘、液晶显示屏，以及实现用户身份卡识别功能的部件。

（2）U_m 接口

U_m 接口又称空中接口，它是 MS 与 BTS 之间的通信接口，是移动通信网络的主要接口。它包含信令接口和物理接口两方面含义。无线接口的不同是数字移动网络与模拟移动网络的主要区别之一。此接口主要用于传送无线资源管理、移动性管理和接续管理等信息。

（3）A_{bis} 接口

A_{bis} 接口为无线基站子系统内部 BTS 与 BSC 功能实体之间的通信接口，通过标准的 2Mbps 或 64kbps PCM 链路实现物理连接。此接口主要用于支持所有向用户提供的服务和实现对 BTS 无线设备的控制与频率分配功能。

（4）A 接口

A 接口为网络交换子系统（NSS）与基站子系统（BSS）之间的通信接口，从系统上来讲，就是移动交换中心（MSC）与基站控制器（BSC）之间的接口，物理链路采用 2.048Mbps 的数字传输链路实现。此接口主要用于传递移动台管理、基站管理、移动性管理和接续管理等信息。

（5）B 接口

B 接口为 MSC 与 VLR 之间的接口，VLR 是移动台在相应 MSC 控制区域内漫游时的定位和管理数据库，B 接口主要用于传递 MSC 向 VLR 询问有关 MS 的当前位置信息及位置更新等消息。当移动台启动与某个 MSC 有关的位置更新程序时，MSC 就会通知存储着有关信息的 VLR。同样，当用户使用特殊的附加业务或改变相关的业务信息时，MSC 也会通知 VLR。必要时，相应的 HLR 也会进行信息更新。

（6）C 接口

C 接口为 MSC 与 HLR 之间的接口。当建立呼叫时，MSC 通过此接口从 HLR 处选择路由信息，呼叫结束时 MSC 向 HLR 发送计费信息，此接口主要用于传递路由信息和管理信息。当固定网络不能查询 HLR 以获得所需要的位置信息来建立至某个移动用户的呼叫时，有关的 GMSC（网关 MSC）就应查询此用户归属的 HLR，以获得被呼移动台漫游号码，并传递给固定网络。

（7）D 接口

D 接口为 VLR 与 HLR 之间的接口。此接口主要用于交换有关移动台的位置信息和用户管理信息，保证移动台在整个服务区内能建立和接收呼叫。为支持移动用户在整个服务区内发起或接收呼叫，两个位置寄存器间必须交换数据。VLR 通知 HLR 某个归属它的移动台的当前位置，并提供该移动台的漫游号码；HLR 向 VLR 发送支持对该移动台服务所需要的所有数据。当移动台漫游到另一个 VLR 服务区时，HLR 应通知原先为此移动台服务的 VLR 消除有关信息。当移动台使用附加业务或用户要求改变某些参数时，也要通过 D 接口交换信息。

（8）E 接口

E 接口为 MSC 与 MSC 之间的接口。此接口主要用于在切换过程中交换有关切换信息以启动和完成切换。当移动台在通话过程中从一个 MSC 服务区移动至另一个 MSC 服务区时，为维持连续通话，就要进行越区切换。此时，在相应 MSC 之间通过 E 接口交换在切换过程中所需的信息。

（9）F 接口

F 接口为 MSC 与 EIR 之间的接口。此接口主要用于交换有关的国际移动台设备识别码管理信息，EIR 存储国内和国际移动台设备识别码，MSC 通过 F 接口查询，以校对移动台设备的识别码。

（10）G 接口

G 接口为 VLR 与 VLR 之间的接口。此接口主要用于向分配临时移动用户识别码（TMSI）的 VLR 询问此移动用户的国际移动用户识别码（IMSI）信息。

GSM 系统的主要接口是开放型的，其中 B、C、D、E、F 及 G 接口均为交换网络子系统的内部接口。

6.3.2　GSM 与其他公用电信网的接口

GSM 系统通过 MSC 与 ISDN、PSTN、PDN 互连，物理连接方式为 2Mbps PCM 数字传输，实现其接口必须满足 CCITT 的有关接口和信令标准及各国邮电运营部门制定的与这些电信网有关的接口和信令标准。我国 GSM 系统与 PSTN 和 ISDN 网的互连方式采用七号信令系统接口。

6.4　信道类型及其组合

6.4.1　信道类型

U_m接口定义了一系列逻辑信道，根据信道特征的不同，可将信道分为不同的类型。

1. 业务信道（TCH）

业务信道承载语音信息或用户数据，全速率业务信道（TCH/F）载有总速率为22.8kbps的信息。根据传输用户数据速率的不同，业务信道分为以下几种类型。

- 9.6kbps，全速率数据业务信道（TCH/F9.6）；
- 4.8kbps，全速率数据业务信道（TCH/F4.8）；
- 4.8kbps，半速率数据业务信道（TCH/H4.8）；
- ≤2.4kbps，全速率数据业务信道（TCH/F2.4）；
- ≤2.4kbps，半速率数据业务信道（TCH/H2.4）。

2. 控制信道（CCH）

控制信道主要携带信令或同步数据。根据处理任务的不同，可分为三种类型：广播信道、公共控制信道和专用控制信道。

（1）广播信道（BCH）

广播信道是从基站（BS）到移动台（MS）的一点对多点的单向控制信道，用于向MS广播各类信息。广播信道可分为以下三种类型。

① FCCH：频率校正信道，用于MS频率校正。

② SCH：同步信道，用于MS的帧同步和BS识别。

③ BCCH：广播控制信道，用于发送小区信息。

（2）公共控制信道（CCCH）

公共控制信道是一点对多点的双向控制信道。主要携带接入管理功能所需的信令信息，也可携带其他信令信息。CCCH由网络中各MS共同使用，有以下三种类型。

① PCH：寻呼信道，用于BTS寻呼MS。

② RACH：随机接入信道，用于MS随机接入网络上行信道。

③ AGGH：准予接入信道，用于给成功接入的接续分配专用控制信道。

（3）专用控制信道（DCCH）

专用控制信道是点对点的双向控制信道。根据通信控制过程的需要，将DCCH分配给

MS，与 BTS 进行点对点信令传输。

6.4.2　信道组合

根据通信的需要，实际使用时总是将不同类型的逻辑信道映射到同一物理信道上，称之为信道组合。也就是说，逻辑信道与物理信道之间存在着映射关系。信道的组合形式与通信系统在不同阶段（接续或通话）所需要完成的功能有关，也与传输的方向（上行或下行）有关，除此之外，还与业务量有关。

6.5　GSM 网络的编号与业务

GSM 采用了 CCITT 建议中的"网号"编号方案，即将 GSM 作为一个电话网的独立编号方案。移动网络的号码或标识码较复杂，一个移动用户可能同时拥有多个号码，这些号码有不同的意义或作用。有的号码是固定的，有的是临时的，各种号码的含义如下。

1. 移动台的国际身份号码 ISDN（MSISDN）

ISDN 是在公共交换电话网编号计划中唯一识别移动电话的鉴约号码，根据 CCITT 的建议，MSISDN 组成如下。

$$MSISDN = CC + NDC + SN$$

- CC：国家码，即在国际长途电话通信网络中的号码，中国为 86。
- NDC：国内目的地码，也称网络接入号。中国移动为 134～139、188 等；中国联通为 130～132、186 等；中国电信为 133、153 等。
- SN：用户号码——H0H1H2H3，其中 H1H2H3 是 HLR 标识码，表明用户所属的 HLR。

MSISDN 的前面部分 CC+NDC+H0H1H2H3 其实就是用户所属 HLR 的 GT 地址，这样在入口移动交换中心（GMSC）查询 HLR 时可直接利用 MSISDN 进行信令连接与控制部分（SCCP）的寻址。

例如，一个 GSM 移动手机号码为 8613981080001，"86"是国家码（CC）；"139"是国内目的地码（NDC），用于识别网号；"81080001"是用户号码（SN），其中，"8108"用于识别归属区。

2. 国际移动用户识别码（IMSI）

IMSI 唯一地标识了一个 GSM 移动网络的用户，并且能指出用户所属的国家号、PLMN 网号和 HLR 号码。IMSI 分别存储在用户的身份识别卡（SIM 卡）上和 HLR 内，以及用户目前访问的 VLR 内。在无线接口及移动应用部分（MAP）接口上传送。IMSI 在所有的用户漫游位置都有效，移动网络用它来识别用户并对用户进行安全鉴别，以判定其是否有权建立呼叫或进行位置更新。

IMSI 码长也是 15 位，它的组成如下。

$$IMSI = MCC + MNC + MSIN$$

- MCC：移动用户的国家号，中国为 460。
- MNC：移动用户的所属 PLMN 网号。
- MSIN：移动用户识别码，在某一 PLMN 内 MSIN 唯一的识别码编码格式为 H1H2H3SXXXXX。

3. 移动台漫游号码（MSRN）

移动用户的特性决定其位置是不断变化的，仅靠 MSISDN 还不足以在 PLMN 内把一个呼叫信息送达目标用户，它只指出了用户所属的 HLR。

MSRN 是由移动用户现访的 VLR 分配给它的一个临时 ISDN 号码，通过 HLR 查询送给 GMSC，使得 GMSC 可建立起一条至目标用户现访 VLR 的通路，从而把呼叫信息送达，因此，MSRN 必须是和 MSISDN 一样符合国家通信网络的统一编号方式，并且带有 VLR 地址信息。

MSRN 的组成如下。

$$MSRN = CC + NDC + SN$$

- CC：国家号，中国为 86。
- NDC：国内目的地码，中国移动为 134～139、188 等；中国联通为 130～132、186 等。
- SN：用户号，对应用户的 IMSI 号码。

4. 临时移动用户识别码（TMSI）

TMSI 是为了对用户的身份进行保密，而在无线通道上替代 IMSI 使用的临时移动用户标识，它可以保护用户在空中的话务及信令通道的隐私，不会将 IMSI 暴露给无权者。它是由 VLR 分配给在其覆盖区内漫游的移动用户的标识码，和用户的 IMSI 相对应，只在本地 VLR 内有效，TMSI 可用作在位置更新、切换、呼叫、寻呼等操作时的用户识别码，并且可在每次鉴权成功之后被重新分配，该码只在本 MSC 区域有效，其结构可由运营商自行选择，长度不超过 4 字节。

5. 国际移动设备识别码（IMEI）

GSM 的每个用户终端都有唯一的标识码——IMEI，IMEI 是和移动设备相对应的号码，与哪个用户在使用该设备无关。移动网络可在任何时候请求工作着的移动设备的 IMEI，以检查该设备是否处于被窃状态，或它的型号是否被允许使用，若结果为设备被窃或其型号不被允许使用，则呼叫会被拒绝。在用户不用 SIM 卡作紧急呼叫的情况下，IMEI 可被用作用户标识号码，这也是唯一的 IMEI 用于呼叫的情况。IMEI 是用来识别移动台终端设备的唯一号码，称作系列号。

IMEI 码长为 15~17 位，它的组成如下。

$$IMEI = TAC + FAC + SNR + SP$$

- TAC：型号码，8 位（早期为 6 位），用于区分手机的品牌和型号。
- FAC：工厂组装码，2 位，由厂家分配，表明生产厂家及产地。
- SNR：生产顺序号，6 位，由厂家分配。
- SP：检验码，备用，1 位。

6. 位置区识别码（LAI）

LAI 代表 MSC 业务区的不同位置区，用于移动用户的位置更新。LAI 的组成形式为

$$LAI = MCC + MNC + LAC$$

- MCC：移动用户的国家号，用于识别国家。
- MNC：移动网络号，用于识别国内的 GSM 网。
- LAC：位置区号码，用于识别 GSM 网络中的位置区，LAC 的最大长度为 16bit，1 个 GSM PLMN 中可以定义 65536 个不同的位置区。

7. 小区全球识别码（CGI）

CGI 用于识别位置区内的小区。CGI 的组成形式为

$$CGI = MCC + MNC + LAC + CI$$

- MCC：移动用户的国家号，中国为 460。
- MNC：移动网络号，用于识别国内的 GSM 网络。
- LAC：位置区号码，用于识别 GSM 网中的位置区，LAC 的最大长度为 16bit，1 个 GSM PLMN 中可以定义 65536 个不同的位置区。
- CI：小区识别代码。

8. 基站识别码（BSIC）

BSIC 用于移动台识别相邻的、采用相同载频的、不同的基站收发台 BTS，特别用于区别在不同国家的边界地区采用相同载频的相邻 BTS。BSIC 的长度为 6bit。BSIC 的组成形式为

$$BSIC = NCC + BCC$$

- NCC：国家色码，用于识别 GSM 网络。
- BCC：基站色码，由运营部门设定，用于识别采用相同载频的不同基站。

6.6　GSM 系统的主要业务

　　GSM 是一种多业务系统，习惯上，人们把语音业务与数据业务（或称为非语音业务）区别开来。在语音业务中，信息是语音，而数据业务传送包括电文、图像、传真及计算机文件等在内的其他信息。除了这些传统业务，GSM 还提供一些非传统的业务，如短消息业务，它区别于目前固定网络提供的各种业务，而更像无线寻呼业务。

　　GSM 的业务分类如图 6-3 所示，GSM 业务分为基本业务和附加业务。基本业务包括电信业务和承载业务，主要涉及传输媒介和建立呼叫的方式；附加业务则使用户能够更好地接受基本业务或简化电信的日常服务，为用户提供方便，如呼叫前转、来电显示等。基本业务与附加业务的区别在于，一项附加业务可以适用于几项基本业务。在已存在的网络中，这些附加业务被要求附加在基本业务之上，而未来它们很可能从附加业务转化为基本业务。

图 6-3　GSM 的业务分类

　　GSM 支持的基本业务可进一步分为承载业务（Beater Services）和电信业务（Teleservices），如图 6-4 所示。电信业务又称用户终端业务，为用户通信提供包括终端设备功能在内的完整功能。承载业务提供用户接入点（也称"用户/网络"接口）间信号传输的能力。这两种业务是独立的通信业务，其差别在于用户接入点的不同。

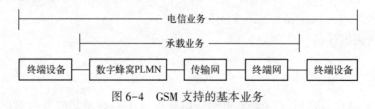

图 6-4　GSM 支持的基本业务

1. 承载业务

　　为保证用户在两个接入点之间传输有关信号所需的带宽容量，GSM 提供了广泛的承载业务，可支持直到 9.6kbps 的所有标准速率。表 6-1 列出了 GSM 的承载业务。

表 6-1 GSM 的承载业务

业 务	内 容
异步双工电路型业务	300～9600bps
同步双工电路型业务	1200～9600bps
异步 PAD 接入电路型业务	300～9600bps
同步 PDS 接入电路型业务	2400～9600bps
语音/数据交替业务	在呼叫过程中，交替提供语音和数据业务

2. 电信业务

电信业务主要包括语音业务、数据业务和短消息业务等。

语音业务：主要包括基本电话业务和紧急呼叫业务。基本电话业务为 GSM 用户和其他所有与其连网的用户之间提供双向通话。紧急呼叫业务通过一个简单的固定步骤，为用户提供紧急特服业务。紧急呼叫业务优先于其他业务，在移动台没有插入 SIM 卡或用户处于锁定状态时，呼叫也能够被接通。

数据业务：GSM 规范在制定时便按照 ISDN 模式为用户提供各种数据业务。目前，提供给固定用户和 ISDN 用户的大部分数据业务 GSM 都能提供，包括分组交换公用数据网（PSPDN）所提供的业务。在无线传输允许的条件下，GSM 技术规范中列举了 35 种数据业务，可适用于不同的场合。

数据通信可以按照通信者的不同或是端到端信息流的性质或传输模式来划分。GSM 规范中不能提供所有的描述，但可以按照通信者的类型来进行分类。在 GSM 规范中，所有的数据服务均作为特殊项目提出。GSM 用户可以与 PSTN 用户相连接，所用的标准有 V.21、V.22、V.22bis 等。GSM 用户也可与 ISDN 用户相连接，关键问题在于两者速率的适配。此外，GSM 用户间，以及 GSM 用户同分组交换数据网络用户、电路交换数据通信网络用户之间都可以建立连接，其互连协议可参考 GSM 有关规范。

短消息业务：分为点到点的短消息业务和广播式短消息业务。移动交换中心（MSC）涉及的短消息业务只有点到点的短消息业务，这项业务在移动台处于呼叫状态或空闲状态时进行，包括发送到移动台（SMT-MT）和从移动台接收（SMT-MO）信息，信息由控制信道传送。

广播式短消息业务是系统周期性地对蜂窝网络中所有的用户广播数据信息的业务，信息在控制信道上传送，且当移动台处于空闲状态时才可以接收信息。

3. 附加业务

附加业务主要是为了让用户能更充分地利用基本业务。

GSM 所提供的附加业务共有 8 类，简要介绍如下。

① 号码识别类附加业务：主要包括主叫号码识别显示、主叫号码识别限制、被叫号码识别显示、被叫号码识别限制及恶意呼叫识别等。

② 呼叫提供类附加业务：具体包括无条件呼叫前转、遇移动用户忙呼叫前转、遇无应答呼叫前转、遇移动用户不可及呼叫前转和移动接入搜索等。

③ 呼叫完成类附加业务：主要包括呼叫等待、呼叫保持等。

④ 多方通信类附加业务：主要有三方通话和会议电话两种。

⑤ 集团类附加业务：这类业务的代表是闭合用户群，它可以将一些用户定义为用户群，实现用户群内部通信和对外通信的区别对待。

⑥ 计费类附加业务：此类业务包括计费通知、对方付费等。

⑦ 附加信息传送类附加业务：用户至用户信令（UUS）支持移动用户通过信令信道的透明传输，在呼叫建立的不同阶段向对方用户发送或接收有限的用户信息。

⑧ 呼叫限制类附加业务：具体包括限制所有出局呼叫、限制所有入局呼叫、限制拨叫国际长途、漫游时限制所有入局呼叫等。此类业务在使用时一般都由密码控制。

6.7 接续流程与管理

GSM 是一个先进的、复杂的新一代数字蜂窝移动通信系统。无论是移动用户与市话用户还是移动用户之间建立通信，都会涉及系统中的各种设备。下面主要介绍系统接续流程和安全性管理，包括位置更新流程、移动用户至固定用户出局呼叫流程、固定用户至移动用户入局呼叫流程、切换流程和鉴权与加密等。

6.7.1 位置更新流程

位置更新基本流程如图 6-5 所示。

对图 6-5 中的基本流程说明如下。

① 移动台（MS）从一个位置区［属于移动交换中心（MSC_B）的覆盖区］移动到另一个位置区［属于移动交换中心（MSC_A）的覆盖区］。

② 通过检测由基站（BS）持久发送的广播消息，移动台（MS）发现新收到的位置区识别码与目前所使用的位置区识别码不同。

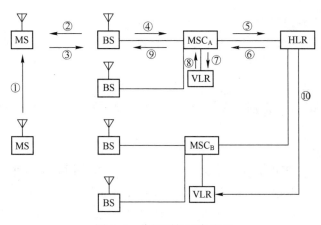

图 6-5　位置更新基本流程

③和④ 移动台（MS）通过该基站（BS）向 MSC_A 发送含有"我在这里"的信息位置更新请求。

⑤ 由 MSC_A 向归属位置寄存器 HLR 发送消息。

⑥ HLR 发回响应消息，其中包含全部相关的用户数据。

⑦ 和⑧ 在被访问的访问位置寄存器 VLR 中进行用户数据登记。

⑨ 把有关位置更新响应消息通过基站发送给移动台（如果重新分配 TMSI，则此时一起发送给移动台）。

⑩ 通知原来的 VLR，删除与此移动用户有关的用户数据。

6.7.2　移动用户至固定用户出局呼叫流程

移动用户至固定用户出局呼叫流程如图 6-6 所示。

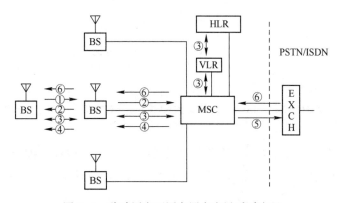

图 6-6　移动用户至固定用户出局呼叫流程

对图 6-6 中的流程说明如下。

① 在服务小区内，当移动用户拨号后，移动台（MS）向基站（BS）请求随机接入信道。

② 在移动台（MS）与移动交换中心（MSC）之间建立信令连接。

③ 对移动台（MS）的识别码进行鉴权，如果需要加密，则设置加密模式，进入呼叫建立起始阶段。

④ 分配业务信道。

⑤ 采用七号信令，用户部分 ISUP/IUP 通过与固定网络（ISDN/PSTN）建立至被叫用户的通路，并向被叫用户振铃，向移动台回送呼叫接通证实信号。

⑥ 被叫用户取机应答，向移动台发送应答（连接）消息，之后，进入通话阶段。

6.7.3 固定用户至移动用户入局呼叫流程

固定用户至移动用户入局呼叫的基本流程如图 6-7 所示。

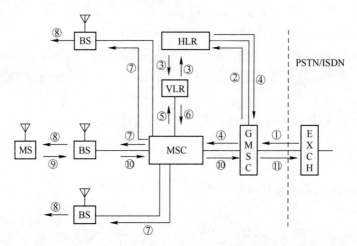

图 6-7 固定用户至移动用户入局呼叫的基本流程

对图 6-7 中的流程说明如下。

① 通过七号信令用户部分 ISUP/TUP，入口 MSC（GMSC）接收来自固定网络（ISDN/PSTN）的呼叫。

② GMSC 向 HLR 询问有关被叫移动用户正在访问的 MSC 地址（即 MSRN）。

③ HLR 请求被访问 VLR 分配 MSRN，MSRN 是在每次呼叫的基础上由被访的 VLR 分配并通知 HLR 的。

④ GMSC 从 HLR 获得 MSRN 后，就可重新寻找路由建立至被访 MSC 的通路。

⑤和⑥ 被访 MSC 从 VLR 获取有关用户数据。

⑦和⑧ MSC 通过位置区内的所有基站（BS）向移动台发送寻呼消息。

⑨和⑩ 被叫移动用户的移动台发回寻呼响应消息，然后执行与前述出局呼叫流程中的

①、②、③、④相同的过程，直至移动台振铃，向主叫用户回送呼叫接通证实信号。

⑪ 移动用户应答，向固定网络发送应答（连接）消息，之后，进入通话阶段。

6.7.4　切换流程

MSC 之间切换基本流程如图 6-8 所示。对图 6-8 中的流程说明如下。

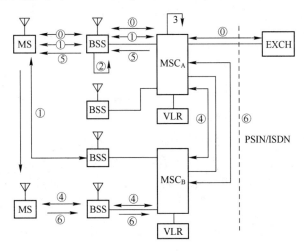

图 6-8　MSC 之间切换基本流程

① 移动台对邻近基站发出的信号进行无线测量，测量内容包括功率、距离和语音质量，这三个指标决定切换的门限。

无线测量结果通过信令信道报告给基站子系统（BSS）中的基站收发信台（BTS）。

② 无线测量结果处理过程：BTS 预处理后传送给基站控制器（BSC），BSC 综合功率、距离和语音质量进行计算并与切换门限值进行比较，决定是否进行切换，然后向 MSC_A 发出切换请求。

③ MSC_A 决定进行 MSC 之间的切换。

④ MSC_A 请求在 MSC_B 区域内建立无线通道，然后，在 MSC_A 与 MSC_B 之间建立连接。

⑤ MSC_A 向移动台发出切换命令，移动台切换到已准备好连接通路的基站。

⑥ 移动台发出切换成功的确认消息并传送给 MSC_A，以释放原来占用的资源。

6.7.5　鉴权与加密

为了保证通信安全，GSM 系统采取了特别的鉴权与加密措施。鉴权是为了确认移动台

的合法性，而加密则是为了防止第三者窃听。

1. 鉴权

鉴权的作用是保护网络，防止未授权的非法用户接入 GSM 系统。

鉴权中心（AUC）为鉴权与加密提供了三参数组（RAND、SRES 和 Kc），在用户入网签约时，运营商将 Ki（Key identifier）连同国际移动用户识别码 IMSI 一起分配给用户，这样每一个用户均有唯一的 Ki 和 IMSI，它们存储于 AUC（鉴权中心）数据库和用户识别卡（SIM 卡）中。产生三参数组的过程如下。

每个用户在注册登记时，就被分配一个用户号码和用户识别码（IMSI）。IMSI 通过 SIM 写卡机写入 SIM 卡中，同时在写卡机中产生对应此 IMSI 的唯一的用户 Ki，它被分别存储在 SIM 卡和 AUC 中。

在 AUC 中通过随机数发生器可产生一个不可预测的随机数（RAND）。RAND 和 Ki 经 AUC 的 A8 算法（也叫加密算法）产生 Kc，经 A3 算法（鉴权算法）产生响应数（SRES）。由 RAND、SRES、Kc 一起组成该用户的 1 组三参数组，AUC 每次对每个用户产生 7~10 组三参数组，传送给 HLR，存储在该用户的用户资料库中。

VLR 一次向 HLR 索取 5 组三参数组，每鉴权一次用 1 组，当只剩下 2 组（该数值可在交换机中设置）时，再向 HLR 索取 5 组，如此反复。鉴权过程如图 6-9 所示。

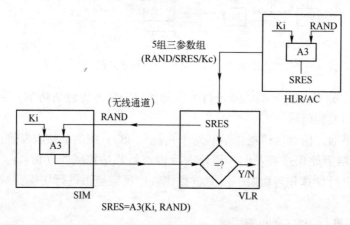

图 6-9 鉴权过程

鉴权过程主要涉及 AUC、HLR、MSC/VLR 和 MS，它们各自均存储着与用户有关的信息或参数。当 MS 发出入网请求时，MSC/VLR 通过 BSS 将 RAND 传送给移动台的 SIM 卡。MS 使用该 RAND 及与 AUC 内相同的 Ki 和鉴权算法 A3，产生与网络相同的 SRES 和 Kc，然后把 SRES 回送给 MSC/VLR，验证其合法性。Kc 的产生过程如图 6-10 所示。

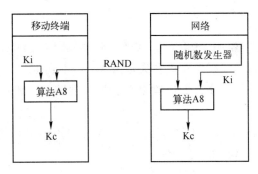

图 6-10　Kc 的产生过程

2. 加密

GSM 为确保用户信息（语音或非语音业务）及与用户有关信令信息的私密性，在 BTS 与 MS 之间交换信息时专门采用了一个加密程序。

在鉴权程序中，当计算 SRES 时，同时用另一个算法（A8）计算出密钥 Kc，并在 BTS 和 MSC 中均暂存 Kc。MSC/VLR 把加密模式命令（M）通过 BTS 发往 MS，MS 根据 M、Kc 及 TDMA 帧号通过加密算法 A5，产生一个加密消息，表明 MS 已完成加密，并将加密消息回送给 BTS。BTS 采用相应的算法解密，恢复消息 M，如果无误则告知 MSC/VLR，表明加密模式完成。

3. 设备识别

每一台移动设备均有唯一的国际移动设备识别码（IMEI）。EIR 中存储了所有移动设备识别码，每一台移动设备只存储本身的 IMEI。设备识别的目的是确保系统中使用的设备不是盗用或非法设备。为此，EIR 使用以下 3 种设备清单。

- 白名单：合法的移动设备识别号。
- 黑名单：禁止使用的移动设备识别号。
- 灰名单：是否允许使用由运营者决定，例如，有故障的或未经型号认证的移动设备识别号。设备识别在呼叫建立尝试阶段进行。例如，当 MS 发起呼叫时，MSC/VLR 要求 MS 发送其 IMEI，MSC/VLR 收到后，与 EIR 中存储的名单检查核对，决定是继续还是停止呼叫建立程序。

4. 移动用户的安全保密

移动用户的安全保密是指临时用户识别码（TMSI）和个人身份号（PIN 码）的安全保密。

（1）TMSI

为了防止非法监听进而盗用 IMSI，在无线链路上需要传送 IMSI 时，均用临时移动用户识别码（TMSI）代替 IMSI。仅在位置更新失败或 MS 得不到 TMSI 时，才使用 IMSI。

MS 每次向系统请求一种程序，如位置更新、呼叫尝试等，MSC/VLR 将给 MS 分配一个新的 TMSI。

由上述分析可知，IMSI 是唯一且不变的，但 TMSI 是不断更新的。在无线信道上传送的一般是 TMSI，这就确保了 IMSI 的安全性。

（2）PIN 码

PIN 码是 4~8 位的个人身份号，用于控制对 SIM 卡的使用，只有 PIN 码认证通过，移动设备才能对 SIM 卡进行存取，读出相关数据，并可以入网。每次呼叫结束或移动设备正常关机时，所有的临时数据都会从移动设备传送到 SIM 卡中，再次打开移动设备时要重新进行 PIN 码校验。如果输入不正确的 PIN 码超过 3 次，SIM 卡就被阻塞，此时必须到网络运营商处才能解除阻塞。当连续 10 次输入 PIN 码不正确时，SIM 将被永久阻塞进而作废。

习题

6-1　第一代模拟移动通信系统有哪些缺点？

6-2　GSM 系统由哪几部分组成？

6-3　网络交换子系统由哪些功能实体组成？

6-4　移动通信网络的接口有哪些？各自具有哪些功能？

6-5　解释 MSISDN、IMSI、IMEI 的含义。

6-6　简要介绍 GSM 的主要业务。

6-7　分别介绍业务信道和控制信道的组合形式。

6-8　简述位置更新的基本流程。

6-9　怎样实现移动用户的安全保密？

第 7 章　第三代移动通信系统

7.1　第三代移动通信系统概述

3G 是第三代移动通信系统的简称。由于当时国际电信联盟（ITU）提出，3G 将于 2000 年左右进入商用市场，其中心工作频段为 2000MHz，最大速率为 2000kbps，因此 3G 在 1996 年由原来的公共陆地移动通信系统更名为 IMT—2000（International Mobile Telecommunication 2000）。欧洲的通信公司与运营商也把 3G 称为 UMTS（通用移动通信系统）。

国际上主流的 3G 系统有以下三个主流标准。

- WCDMA 标准（宽带码分多址）：其支持者主要是欧洲和日本。
- cdma2000 标准（多载波码分多址）：由美国高通公司主导提出，支持者主要是美国和韩国。
- TD-SCDMA 标准（时分同步码分多址）：是由我国制定的 3G 标准，该标准结合 SCDMA 的智能天线、上行同步和软件无线电等技术，成功克服了 TD-CDMA 技术不能用于宏蜂窝组网的缺陷。全球有一半以上的设备制造商表示可以支持 TD-SCDMA 标准。

7.1.1　3G 技术的演进

3G 是相对于 GSM（2G）、窄带 CDMA（IS—95）和 GPRS（2.5G）等提出的。要想实现从 2G 网络平滑升级到 3G 网络，必须在原有网络基础上进行合理的演进，也就是说，2G 到 3G 是改革，而不是革命。

1. GSM 向 WCDMA 演进

拥有 WCDMA 标准的是欧洲的诺基亚、西门子、爱立信等传统的 GSM 巨头公司，从 GSM 平滑升级到 WCDMA，符合 GSM 运营商的利益。WCDMA 的技术路线是高速、IP 化和多频段，即"无线接口向高速传送分组数据发展，无线网络向 IP 化发展，工作频段向多频段方向发展"。

WCDMA 无线网侧网络的技术路线沿 HSPA（高速分组接入）的方向发展，通过 HSPA

性能的逐步提升，平滑地向 LTE 演变，使原有的网络投资可以得到最大限度的保护。

WCDMA 核心网侧的技术路线是沿 IMS（IP 多媒体子系统）融合的方向发展的，在原有 GSM/GPRS 核心网的基础上，通过硬件更新和软件升级来实现演进。

2. IS—95 向 cdma2000 演进

cdma2000 标准主要由美国高通公司主导，由 3GPP2 标准组织负责，其目标是"提供更加高速的无线速率，全 IP 的网络结构"。

cdma2000 无线网侧已有的标准为 cdma2000 1x、EV-DO、EV-DV，它们都是单载波的技术路线。cdma2000 1x 是 cdma2000 的第一阶段，它可以和 IS—95A 以及 IS—95B 共存于同一载波中。cdma2000 1x EV 是 cdma2000 1x 的增强型，包含两方面：cdma2000 1x EV-DO（仅支持数据业务）和 cdma2000 1x EV-DV（同时支持数据和语音业务）。

cdma2000 网络部分引入了分组交换方式，向全 IP 方向发展。

3. GSM 向 TD-SCDMA 演进

TD-SCDMA 是中国自主制定的 3G 标准，它的提出比前两个标准晚得多，技术成熟度也有一定差距，但在技术实现上有很多创新。TD-SCDMA 的技术目标是"引入新的技术特性，进一步提高系统的性能"。

TD-SCDMA 技术和 WCDMA 技术都属于同一个 3GPP 项目组，基本确保了两个标准的同步进展。TD-SCDMA 的核心网侧和 WCDMA 的核心网侧是一致的，只需将 GSM 的基站控制器升级为 TD-SCDMA 的基站设备。

7.1.2 中国 3G 的发展概况

2009 年 1 月，工业和信息化部将中国 3G 牌照发放给中国移动、中国联通和中国电信三家运营商。截至 2011 年 5 月底，我国 3G 基站的总数达 71.4 万个，其中，中国移动、中国联通和中国电信的 3G 基站数分别为 21.4 万、27.4 万和 22.6 万个。

① 中国移动：TD-SCDMA 核心网基于 GSM/GPRS 网络的演进，保持与 GSM/GPRS 网络的兼容性，核心网向全 IP 的网络演进。

② 中国联通：电信重组后，CDMA 由电信公司运营，中国联通获得 WCDMA 牌照。MAP 技术和 GPRS 隧道技术是 WCDMA 体制移动性管理机制的核心。

③ 中国电信：中国电信获得 cdma2000 牌照，由 C 网演进到 3G 的策略分三个阶段，即 IS—95→cdma2000 1x→cdma2000 1x EV-DO 或 cdma2000 1x EV-DV。

7.1.3 第三代移动通信系统的关键技术

第三代移动通信系统的关键技术包括以下几方面。

（1）Rake 多径分集接收技术

在 CDMA 系统中，由于信号带宽较宽，在时间上可以分辨出比较细微的多径信号。Rake 多径分集接收技术对这些多径信号进行加权调整，合成后的信号得到了增强，可有效降低多径衰落。

（2）高效信道编译码技术

高效信道编译码技术包括卷积编码技术、交织技术（Turbo 编码技术）和 RS+卷积级联码技术。

（3）智能天线技术

智能天线技术是雷达系统自适应天线阵在通信系统中的应用，仅适用于基站系统。智能天线技术可以有效抑制多用户干扰，从而提高系统容量。但是由于存在多径效应，每个天线均需要一个 Rake 接收机，这增加了基带处理单元的复杂度。

（4）多用户检测技术

多用户检测技术通过测量各个用户扩频码之间的非正交性，用矩阵求逆方法或迭代方法消除多用户之间的相互干扰。

多用户检测技术可以改善系统容量。但是一般需要知道用户的扩频码、衰落信道的主要统计参量（幅度、相位、延时等），因此要对每个用户信道进行实时估计会增加设备的复杂度。

（5）功率控制技术

在 CDMA 系统中，用户发射功率的大小将直接影响系统的总容量。功率控制可使每个用户用最小的功率收发信息，这不但减少了对其他用户的干扰，还可以减少手机的充电次数。

常见的功率控制技术可分为三种：开环功率控制、闭环功率控制和外环功率控制。

在 WCDMA 和 cdma2000 系统中，上行信道采用了开环、闭环和外环功率控制技术，下行信道则采用了闭环和外环功率技术。

（6）软件无线电技术

软件无线电技术基于统一的硬件平台，利用不同的软件来实现不同的功能。软件无线电技术可将模拟信号的数字化过程尽可能地接近天线，即将 A/D 转换器尽量靠近 RF 射频前端，利用 DSP（数字信号处理）技术的强大处理能力和软件的灵活性实现信道分离、调制、解调、信道编码、译码等工作。

软件无线电为 3G 手机与基站的无线通信系统提供了一个开放的、模块化的系统结构，具有很好的通用性、灵活性，使系统互联和升级变得非常方便。

（7）快速无线 IP 技术

现代的移动设备对网络的移动性提出了更高的要求，这就需要快速无线 IP 技术与第三代移动通信技术相结合。在传统的有线 IP 技术中，当主机在网络中移动时，更换 IP 地址会导致通信中断。但 3G 技术可以保持固定不变的 IP 地址，一次登录即可实现在任意位置或在移动中保持与 IP 主机的单一链路层连接，实现在移动中的数据通信。

（8）多载波技术

多载波技术通过把高速的串行数据流变成几个低速并行的数据流，从而同时调制几个载波，这样由衰落或干扰引起的接收端错误将被分散。

7.2　WCDMA 标准

WCDMA（Wideband Code Division Multiple Access，宽带码分多址）是基于 GSM 网络发展而来的 3G 技术标准，由欧洲和日本提出，支持者主要包括欧美国家的爱立信、阿尔卡特、诺基亚、朗讯以及日本的 NTT、富士通、夏普等厂商。WCDMA 是一种 3G 蜂窝网络，采用了与 2G 类似的结构，包括无线接入网络（Radio Access Network，RAN）和核心网络（Core Network，CN），使用的部分协议也与 2G GSM 标准一致。

7.2.1　UTRAN 体系结构

UMTS（Universal Mobile Telecommunications System，通用移动通信系统）是采用 WCDMA 空中接口技术的 3G 系统，由 3GPP 组织定型，是欧洲地区对 3G 的代名词。UMTS 分组交换系统是由 GPRS 系统演进而来的，因此两者的系统架构相似。UMTS 网络由两部分组成：一部分是 UTRAN（UMTS Terrestrial Radio Access Network，UMTS 陆地无线接入网）；另一部分是 CN（Core Network，核心网络）。

UTRAN 包括许多通过 I_u 接口连接到 CN 的 RNS（无线网络子系统），UTRAN 结构图如图 7-1 所示。RNS 包括无线网络控制器（RNC）和一个或多个基站（Node B）。Node B 是 WCDMA 系统的基站（即无线收发信机），由 RF 子系统、TRX 子系统、基带处理子系统、电源部分等几个逻辑功能模块构成，Node B 的逻辑组成框图如图 7-2 所示。Node B 的主要功能是扩频、调制、信道编码及解扩、解调、信道解码，还包括基带信号和射频信号的相互转换等功能，在逻辑上对应 GSM 网络中的基站收发信台（BTS）。RNC 相当于 GSM 网络中的基站控制器（BSC），提供无线资源的控制功能。

核心网从逻辑上分为电路交换域（Circuit Switched Domain，CS 域）和分组交换域（Packet Switched Domain，PS 域）。CS 域是 UMTS 的电路交换核心网，用于支持电路数据业务，PS 域是 UMTS 的分组业务核心网，用于支持分组数据业务（GPRS）和一些多媒体业务。

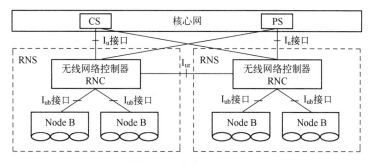

图 7-1　UTRAN 结构图

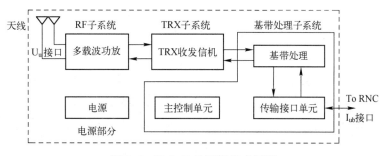

图 7-2　Node B 的逻辑组成框图

WCDMA 主要的接口包括 C_u 接口、U_u 接口、I_{ur} 接口、I_{ub} 接口和 I_u 接口。

（1）C_u 接口

C_u 接口是 USIM 智能卡和移动设备之间的电气接口，它遵循智能卡的标准格式。

（2）U_u 接口

U_u 接口是 WCDMA 的无线接口（也称为空中接口），是 UE（用户设备）和 UTRAN 之间的接口，它使用无线传输技术将用户设备接入到系统固定网络部分。

（3）I_{ur} 接口

I_{ur} 接口是连接 RNC 之间的接口，I_{ur} 接口是 UMTS 系统特有的接口，用于对 RAN 中移动台进行移动性管理。

（4）I_{ub} 接口

I_{ub} 接口是连接 Node B 与 RNC 的接口。

（5）I_u 接口

UTRAN 与 CN 之间的接口为 I_u 接口，由于 CN 最多被分成 3 个域，即 CS 域、PS 域和 BC 域，I_u 接口也对应最多 3 个不同的接口，即 I_u-CS 接口（面向电路交换域）、I_u-PS 接口（面向分组交换域）和 I_u-BC 接口（面向广播域）。

7.2.2 WCDMA 关键技术

1. 编码技术

WCDMA 的信道编码方案包括以下几部分：纠错编码/译码（包括速度适配），交织/解交织，传输信道映射至/分离出物理信道。为了适应多种速率的传输，信道编码方案中还增加了速率适配功能，WCDMA 给出了一种速率适配算法，其目的是把业务速率适配为标准速率集中的一种速率。

在 WCDMA 的差错控制方案中，建议了 3 种前向信道纠错，它们分别是：卷积码、Turbo 码和 R-S 码。卷积码沿用了第二代技术，约束长度为 9，常用码率为 1/3 和 1/2，译码一般为基于最大似然的维特比（Viterbi）算法。

WCDMA 在低速率和低性能要求的情况下仍然采用 2G 中类似的卷积码编译码技术，而在高速率和高性能要求的情况下，采用 Turbo 码编码方案。

2. 多用户检测技术

多用户检测技术利用多址干扰的各种可知信息对目标用户的信号进行联合检测，从而提供良好的抗多址干扰能力，可以更加有效地利用反向链路频谱资源，显著提高系统容量，而且还可以降低系统对功率控制的要求。

3. 高速下行分组接入技术

高速下行分组接入（High Speed Downlink Packet Access，HSDPA）是 3GPP 在 R5 协议中为了满足上、下行数据业务不对称需求提出来的，它可以使最高下行数据速率达 14.4Mbps，从而大大提高用户下行数据速率，而且不改变已经建设的 WCDMA 系统的网络结构。因此，该技术是 WCDMA 网络建设后期提高下行容量和数据业务速率的一种重要技术。

HSDPA 采用的关键技术为自适应调制编码（AMC）技术和混合自动重传（HARQ）技术。

AMC 技术可根据信道的质量情况，选择最合适的调制和编码方式。信道编码采用 R99 1/3Turbo 码以及通过相应码率匹配后产生的其他速率的 Turbo 码，调制方式可选择 QPSK、8PSK、16QAM 等。通过编码和调制方式的组合，产生不同的传输速率。HARQ 基于信道条件提供精确的编码速率调节，可自动适应瞬时信道条件，且对延迟和误差不敏感。

为了更快地调整参数以适应变化迅速的无线信道，HSDPA 与 WCDMA 基本技术的不同之处是其将 RRM 的部分实体，如快速分组调度等放在 Node B 中实现，而不是将所有的 RRM 都放在 RNC 中实现。

7.3　cdma2000 标准

cdma2000 技术是在窄带 CDMA 技术（IS—95）的基础上提出来的。cdma2000 系统采用宽带 CDMA 技术，其演进可分为 cdma2000 1x 和 cdma2000 3x。

cdma2000 1x 属于 2.5 代移动通信系统，其用一个载波构成一个物理信道，与 GPRS 移动通信系统属同一类。而 cdma2000 3x 是第三代移动通信系统，它用 3 个载波构成一个物理信道，在基带信号处理中将需要发送的信息平均分配到 3 个独立的载波中分别发射，以提高系统的传输速率。

7.3.1　cdma2000 网络结构

从 GPRS 系统升级到 WCDMA 系统，其基站 BTS 需要全部更新；从 cdma2000 1x 升级到 cdma2000 3x，原有的设备基本都可以使用。因此下面只介绍 cdma2000 1x 系统的网络结构，如图 7-3 所示。

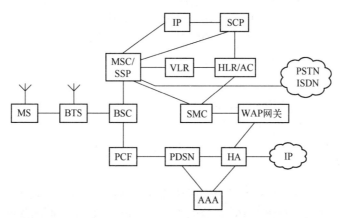

图 7-3　cdma2000 1x 系统的网络结构

cdma2000 系统主要包括基站子系统和核心网两部分。

基站子系统包含基站控制器（BSC）和无线基站（BTS）。BSC 是无线网络中的控制部分，BTS 主要实现 BSC 与无线信道之间的转换功能。

核心网分为电路域核心网和分组域核心网。电路域核心网包含移动交换中心（MSC），访问位置寄存器（VLR），归属位置寄存器（HLR）和鉴权中心。这部分设备功能与 2G 系统基本相同，只是在 HLR 中增加了与分组业务有关的用户信息。

分组域核心网包含分组控制功能（PCF），分组数据服务节点（PDSN），归属代理（HA）和认证、授权、计费服务器 AAA。PCF 是 cdma2000 系统中新增加的功能实体，为了支持分组数据，用于转发无线系统和分组数据服务节点之间的消息。PDSN 将 cdma2000 接入 Internet 的模块，负责为移动用户提供分组数据业务的管理和控制功能，包括建立、维持和释放链路，对用户进行身份认证，对分组数据的管理和转发等。HA 主要负责用户的分组数据业务的移动管理和注册认证。AAA 主要负责管理分组交换网的移动用户的权限，提供身份认证、授权以及计费服务。

7.3.2 cdma2000 系统关键技术

1. Rake 多径分集技术

cdma2000 下行链路采用公用导频信号，上行链路则采用用户专用的导频信号，有效克服了多径衰落，改善了信号的质量。

2. 调制技术

cdma2000 系统在反向链路中采用了混合相移键控（HPSK）调制方式，移动台能以不同的功率电平发射多个信号，并且使信号功率的峰值与平均值的比值达到最小，可减小调制信号波动的幅度。

3. 编译码技术

cdma2000 上、下行链路均采用卷积编码，同时采用交织技术将突发错误分散成随机错误，有效减弱了多径衰落的影响。

4. 功率控制技术

IS—2000 标准增强了 IS—95 标准中的功率控制功能，能够在前向和反向链路的多个物理信道上进行功率控制，前向闭环功率控制和反向闭环功率控制都能达到每秒 800 次的速率。

7.4 TD-SCDMA 标准

TD-SCDMA（Time Division-Synchronous Code Division Multiple Access，时分–同步码分多址技术）是中国提出的 3G 标准，它以我国知识产权为主，被 3GPP 接纳，包含在 R4 版本

中。TD-SCDMA 采用了很多先进技术，如无须配对频率的 TDD 工作方式、FDMA/TDMA/CDMA 相结合的多址方式、智能天线技术、联合检测、接力切换以及自适应功率控制等。

7.4.1　TD-SCDMA 的发展历程

1995 年，以电信科学技术研究院李世鹤博士为首的一批科研人员承担了"九五"国家科技攻关项目——基于 SCDMA 的无线本地环路（WLL）系统研制，该项目于 1997 年年底通过国家验收，后获国家科技进步一等奖。由于 TD-SCDMA 的独特技术特点和优势，与欧洲、日本提出的 WCDMA、美国提出的 cdma2000 并列成为国际公认的第三代移动通信系统三大主流标准之一。

2004 年 3 月，大唐移动通信设备有限公司推出全球第一款 TD-SCDMA LCR 手机，长期制约 TD-SCDMA 商用进程的终端瓶颈被打破。2006 年 12 月至 2008 年 12 月，全国 10 个城市建设了 TD-SCDMA 试商用网。2009 年 1 月，TD-SCDMA 系统正式投入商用。

TD-SCDMA 可以分为两个发展阶段：TSM（TD-SCDMA Over GSM）阶段，此时 TD-SCDMA 是基于 GSM 核心网的；LCR（Low Chip Rate）阶段，此时 TD-SCDMA 是基于WCDMA 核心网的。

7.4.2　TD-SCDMA 的关键技术

1. 时分双工

TD-SCDMA 采用时分双工模式，在同一载波上进行上、下行链路传输，而不需要像 FDD 系统所必需的上、下行频谱对称，极大地提高了频谱利用率，它可以根据不同的业务类型来灵活调整上、下行转换点，从而提供最佳的业务容量和频谱利用率。

2. 联合检测

联合检测技术充分利用造成多址干扰的所有用户信号及其多径的先验信息，根据某种信号估计准则，在多个用户中检测、提取所需的用户信号。联合检测技术具有优良的抗干扰性能，降低了系统对功率控制精度的要求，因此，可以更加有效地利用上行链路频谱资源，显著提高系统容量，并削弱"远近效应"的影响。

3. 智能天线技术

智能天线是由多根天线阵元组成的天线阵列，通过调节各阵元信号的加权幅度和相位来改变阵列天线的方向。智能天线采用双向波束赋形，每一个波瓣对应一个特别的手机用户，在消除干扰的同时增大了系统的容量，并降低了基站的发射功率要求，即使出现单个天线单元损坏的现象，系统工作也不会因此受到重大影响。

4. 接力切换

TD-SDCMA 采用了一种全新的切换技术，并将其命名为"接力切换"。

接力切换是基于同步码分多址和智能天线的技术。TD-SDCMA 系统利用天线阵列和同步码分多址技术中码片周期的周密测定，可以得出用户位置，然后在手机的辅助下，基站根据周围的空中传播条件和信号质量，将手机切换到信号更为优良的基站。通过这种方式，这一技术可以对整个基站网络的容量进行动态优化分配，也可以实现不同系统之间的切换。

5. 软件无线电

TD-SDCMA 系统采用 DSP（数字信号处理）技术来实现无线传输功能，这些功能主要包括智能 RF 波束赋形，板内 RF 校正、载波恢复和定时调整等。这样可以通过较少的软件成本实现复杂的硬件功能，从而降低总投资。

7.4.3　TD-SCDMA 系统的主要问题

TD-SCDMA 采用了 TDD 技术，而 TDD 技术存在的主要问题有以下两方面。

（1）允许终端的移动速率较低

ITU 要求 TDD 系统允许移动终端的最大速度达到 120km/h，而要求 FDD 系统移动速度达到 500km/h。这是因为 FDD 系统是连续控制的系统，而 TDD 系统是时分控制的系统。在高速移动时，多普勒效应将导致快衰落，速度越快，衰落深度越深。

（2）覆盖范围较小

TDD 的小区半径只有几千米，FDD 的小区半径可达数十千米。其原因在于 TDD 使用相同频率，而用时间来划分上、下行时隙。小区半径越大，保护时隙越长，系统开销就越大，系统效率越低。若小区半径超过 12km，系统容量将难以保证人口密集地区的需求。另外，由于 CDMA 系统必须工作在线性状态，所以要求放大器有较大的线性输出能力，这就限制了手机的通信距离。

7.5　三种 3G 主流标准的性能比较

1. CDMA 技术的利用程度

TD-SCDMA 在充分利用 CDMA 技术方面表现较差，其原因是：一方面 TD-SCDMA 要和

GSM 兼容；另一方面，其不能充分利用多径效应，降低了系统的效率，而且软切换和软容量能力实现起来相对较困难。

2. 同步方式、功率控制和支持高速能力

IS—95 采用 64 位的 Walsh 正交扩频码序列，反向链路采用非相关接收方式，这成为限制容量的主要原因，所以在 3G 系统中反向链路普遍采用相关接收方式。WCDMA 采用内插导频符号辅助相关接收技术，两者性能难以比较。cdmaOne 需要 GPS 精确定时同步，而 WCDMA 和 TD-SCDMA 则不需要小区之间的同步。此外，TD-SCDMA 继承了 GSM900/DCS1800 正、反向信道同步的特点，从而克服了反向信道的容量瓶颈效应。而同步意味着帧反向信道均可采用正交码，从而克服了远近效应，降低了对功率控制的要求。

在多速率复用传输时，WCDMA 较为容易实现。而 TD-SCDMA 采用的是每个时隙内的多路传输和时分复用技术。为达到 2Mbps 的峰值速率，必须采用十六进制的 QAM 调制方式，当动态的传输速率要求较高时，需要较高的发射功率，又因为和 TD-SCDMA GSM 兼容，所以无法充分利用资源。

3. 在频谱利用率方面

TD-SCDMA 在频谱利用率方面具有明显的优势，其原因一方面是 TDD 方式能够更好地利用频率资源；另一方面，TD-SCDMA 的设计目标是要做到设计的所有信道都能同时工作。TD-SCDMA 可以很好地支持不对称业务，而成为最适合移动网络业务的技术，也被认为是 TD-SCDMA 的一个重要优势。而 FDD 系统在支持不对称业务时，频谱利用率会降低。

4. 在应用技术方面

TD-SCDMA 技术在很多方面非常符合移动通信未来的发展方向。智能天线技术、软件无线电技术、下行高速分组交换数据传输技术等是未来移动通信系统中普遍采用的技术；TD-SCDMA 也是唯一明确将智能天线和高速数字调制技术设计在标准中的 3G 系统。

7.6 第三代移动通信系统提供的业务

3G 移动通信网络通过一条或多条无线链路提供接入固定通信网络（PSTN/ISDN）所支持的各种业务，并为移动用户提供专门的业务。3G 移动通信网络可以作为一个独立的网络，通过网关及适配单元与 PSTN/ISDN 等网络互连，也可以与 PSTN/ISDN 集成在一起。因此，PSTN/ISDN 能够提供的业务，3G 移动通信网络都可以提供。

ITU-T 在 M.816 中建议将 3G 所支持的主要业务从用户的观点划分为交互性业务、分配性业务和移动性业务三类。

1. 交互性业务

交互性业务分为会话业务、消息业务、检索与存储业务三种。

（1）会话业务

会话业务为用户与用户或用户与主机之间（如数据处理）各类端到端信息（语音、文字、图像、视频、信令）的传送提供双向对话通信的业务，如会议电话、短消息会话。

（2）消息业务

消息业务通过存储单元的存储转发、信箱和信息处理（信息编辑、处理和交换）等功能在各个用户之间提供用户到用户的通信业务，如语音信箱、传真信箱、电子邮件和视频邮件等。

（3）检索与存储业务

检索与存储业务能在信息中心检索和存储文字、数据、图像等信息，共享音频库和视频库。

2. 分配性业务

分配性业务从一个中心源向网上数量不限的授权接收机分配一种连续的信息流。它包括广播业务，用户能够控制信息的呈现，信息可以传给所有接收机或寻址传给一部或多部特定接收机。

3. 移动性业务

移动性业务是直接与用户移动性相关的业务，包括终端移动性业务和个人移动性业务，如漫游业务。

3G业务在数据速率和带宽等方面提出更多的要求，如果想满足高流量等级和不断变化的需求，唯一的办法就是过渡到全IP网络，真正实现语音与数据的业务融合。移动IP的目标是将无线语音和无线数据综合到一个技术平台上传输，实现全分组交换，语音和数据都将被封装在IP包内传输。

全IP网络可以节约成本，提高可扩展性、灵活性和网络运作效率，并支持IPv6。IP技术在3G中的引入，使运营商能够快速、高效、方便地为用户部署丰富的应用服务，从而改变移动通信的业务模式和服务方式。

（1）短消息业务（SMS）

短消息业务主要用来传递有限长度的简单文本信息，同时，也可以将照片附加在短消息上。当网络演化到 3G 时，短消息所提供的各种多媒体信息服务、电子商务及娱乐服务在无线数据业务中占据了重要的位置。

（2）多媒体消息业务（MMS）

多媒体消息业务是在短消息业务基础上发展起来的一种消息业务。多媒体消息的内容包括文本、图像、音频、视频等多种媒体类型，用户可以像使用短消息一样收发多媒体消息。当发送消息时，不同的媒体类型的消息被组合成一条消息发送。

（3）定位业务（LCS）

基站通过对手机位置的测量，可知道手机的位置，从而满足用户定位的需要。定位业务在物流、车辆管理、交通、人员群体位置服务等方面都被广泛应用。

（4）流媒体业务

通过流媒体业务可以实现视频点播、直播、视频监控等功能。

（5）WAP 网关

WAP 可以与电子商务相结合，实现移动电子商务（M-Business）业务。

（6）Java 下载

支持 Java 应用的手机用户可以使用手机方便地享受移动运营商提供的 Java 下载服务。

习题

7-1　第三代移动通信系统的主要特点有哪些？

7-2　WCDMA 系统的无线网络控制器（RNC）的主要功能是什么？

7-3　3G 支持的主要业务有哪些？

7-4　功率控制方式有哪些？

7-5　简述软件无线电技术。

第 8 章　第四代移动通信系统

8.1　LTE 概述

LTE（Long Term Evolution，长期演进）是 3GPP 主导的无线通信项目。LTE 并不是真正意义上的 4G 技术，而是 3G 向 4G 技术发展过程中的一个过渡技术，它也被称为 3.9G。

3GPP 于 2009 年 3 月发布 R8 版本，这是 LTE 标准的基础版本。2009 年底，Teliasonera 公司在斯德哥尔摩、奥斯陆中心城区部署了 LTE 网络，该网络成为第一个商用的 LTE 网络。2012 年，LTE-Advanced 正式被确立为 IMT-Advanced（也称 4G）国际标准。

LTE 取消了无线网络控制器（RNC），以降低用户面的延时。LTE 包括 LTE 时分双工（Time Division Duplexing，TDD）和 LTE 频分双工（Frequency Division Duplexing，FDD）两种制式，其中，我国引领 LTE 时分双工（简称 TD-LTE）的发展。TD-LTE 继承和拓展了 TD-SCDMA 在智能天线、系统设计等方面的关键技术和自主知识产权，系统能力与 LTE 频分双工相当。当前，LTE 已获得了全球通信产业的广泛支持。

8.2　LTE 总体架构

8.2.1　系统结构

LTE 系统架构可分为两部分：演进后的核心网 EPC 和演进后的接入网 E-UTRAN。演进后的系统仅存在分组交换域，不仅减少了设备的数量，也降低了业务时延。E-UTRAN 架构如图 8-1 所示。

LTE 系统架构是在 3GPP 原有系统架构上进行演进的，并且对 WCDMA 和 TD-SCDMA 系统的 Node B、RNC、CN 进行功能整合，系统设备简化为 eNode B 和 EPC 两种网元，其中 Node B 和 RNC 合并为 eNode B（简称 eNB，基站）。整个 LTE/SAE 系统由核心网（EPC）、基站（eNB）和用户设备（UE）三部分组成，其中 EPC 和 E-UTRAN 两个系统合称为 EPS（Evolved Packet System），LTE 系统网络架构如图 8-2 所示。与 3G 系统网络

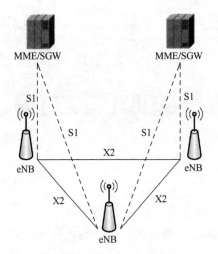

图 8-1　E-UTRAN 架构

架构相比，LTE 系统接入网仅包括 eNB 一种逻辑节点，网络架构中的节点数量更少，网络架构更趋于扁平化。这种扁平化的网络架构带来的好处是降低了呼叫建立时延及用户数据的传输时延，并且减少了逻辑节点，也会导致 OPEX（运营成本）与 CAPEX（资本性支出）的降低。

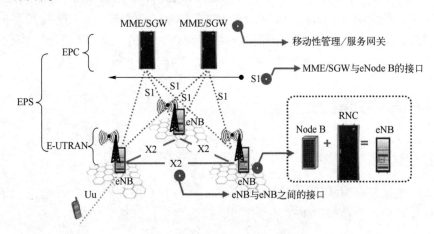

图 8-2　LTE 系统网络架构

1. 核心网（EPC）

核心网（Evolved Packet Core，EPC）主要由移动性管理实体（MME）、服务网关（SGW）、分组数据网网关（PGW）、归属用户服务器（HSS）和策略与计费规则功能单元

（PCRF）等组成。主要网元功能如下所述。

（1）MME（Mobility Management Entity，移动性管理实体）

MME 为控制面功能实体，是临时存储用户数据的服务器，负责管理和存储 UE 相关信息，如 UE 用户标识、移动性管理状态、用户安全参数，为用户分配临时标识。当 UE 驻扎在该跟踪区域或者该网络时，负责对该用户进行鉴权，处理 MME 和 UE 之间的所有非接入层信息。

（2）SGW（Serving Gateway，服务网关）

SGW 为用户面实体，负责用户面数据路由处理，终结处于空闲状态的 UE 的下行数据，管理和存储 UE 的承载信息，如 IP 承载业务参数和网络内部路由信息。

（3）PGW（PDN Gateway，分组数据网网关）

PGW 负责将 UE 接入 PDN 的网关，分配用户 IP 地址，同时是 3GPP 和非 3GPP 接入系统的移动性锚点。

（4）HSS（Home Subscriber Server，归属用户服务器）

HSS 存储并管理用户签约数据，包括用户鉴权信息、位置信息及路由信息。

（5）PCRF（Policy and Charging Rule Function，策略与计费规则功能单元）

PCRF 功能实体主要根据业务信息和用户签约信息，以及运营商的配置信息产生控制用户数据传递的 QoS（Quality of Service，服务质量）规则和计费规则，该功能实体也可以控制接入网中承载的建立和释放。

EPC 架构中各功能实体间的接口协议均采用基于 IP 的协议，部分接口协议是由 2G/3G 分组域标准演进而来的，部分协议是新增协议，如 MME 与 HSS 间 S6a 接口的 Diameter 协议等。

2. 演进型 Node B（eNB）

演进型 Node B（evolved Node B，eNB）负责无线接入功能和 E-UTRAN 的地面接口功能，包括无线承载控制、无线许可控制和连接移动性控制；上、下行的 UE 的动态资源分配（调度）；IP 头压缩及用户数据流加密；UE 附着时的 MME 选择；SGW 用户数据的路由选择；MME 发起的寻呼和广播消息的调度传输；完成有关移动性配置和调度的测量和测量报告。

3. 用户设备（UE）

用户设备（User Equipment，UE）包含手机、智能终端、多媒体设备和流媒体设备等。

8.2.2 无线协议结构

1. 控制面协议结构

控制面协议栈结构如图 8-3 所示。

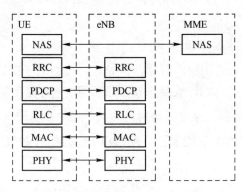

图 8-3 控制面协议栈结构

控制面协议实现 E-UTRAN 和 EPC 之间的信令传输功能，包括 RRC（Radio Resource Control，无线资源控制）信令、S1-AP 信令和 NAS（Non Access Stratum，非接入层）信令。

NAS 主要负责与接入无关、独立于无线接入技术的功能及流程，包括 EMM（EPS Mobility Management，EPS 移动性管理）消息和 ESM（EPS Session Management，EPS 会话管理）消息。这些过程都是在非接入层信令连接建立的基础上发起的，也就是说这些过程对于无线接入是透明的，仅仅是 UE 与 EPC 核心网之间的交互过程。

其中 RRC 信令和 S1-AP 信令为 NAS 信令的底层承载。RRC 信令支撑所有 UE 和 eNB 之间的信令过程，包括移动过程和终端连接管理。当 S1-AP 支持 NAS 信令传输过程时，UE 和 MME 之间的信令传输对于 eNB 来说是完全透明的。

S6a 接口是 HSS 与 MME 之间的接口，此接口也是信令接口，主要实现用户鉴权、位置更新、签约信息管理等功能。

2. 用户面协议结构

用户面协议栈结构如图 8-4 所示。

3. S1 接口架构

与 2G、3G 架构不同，LTE 新增了 S1 和 X2 接口。

S1 接口为 E-UTRAN 和 EPC 之间的接口，包括控制面 S1-MME 接口和用户面 S1-U 接口

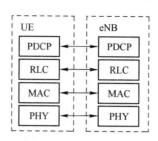

图 8-4　用户面协议栈结构

两部分。S1-MME 接口为 eNB 和 MME 之间的接口；S1-U 为 eNB 和 SGW 之间的接口。

S1 接口控制面（eNB-MME）协议栈结构如图 8-5 所示，S1 接口用户面（eNB-SGW）协议栈结构如图 8-6 所示。

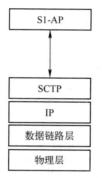

图 8-5　S1 接口控制面（eNB-MME）协议栈结构

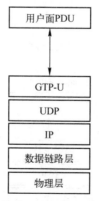

图 8-6　S1 接口用户面（eNB-SGW）协议栈结构

S1 接口的信令过程有 E-RAB 信令过程、切换信令过程、寻呼过程、NAS 传输过程、错误指示过程、复位过程、初始上下文建立过程、UE 上下文修改过程、S1 建立过程、eNB 配置更新过程、MME 配置更新过程、位置上报过程、过载启动过程、过载停止过程、写置换预警过程、直传信息转移过程等。

S1 接口实现的主要功能有：寻呼功能，包括发送寻呼请求到所有 UE 注册的小区；E-UTRAN 体系结构下，用户设备在激活状态下的移动性管理功能，包括 LTE 内部的小区切换，以及 3GPP 内其他无线接入技术之间的切换；SAE 业务承载管理功能，包括承载业务的设置和释放等功能；NAS 信令传送功能；接口管理功能，包括差错指示等；漫游功能；初始化用户设备的信息内容设置功能，包括 SAE 承载内容、安全性内容、漫游限制、用户设备容量信息、用户设备的 S1 信令连接 ID 等。

4. X2 接口架构

X2 接口为各个 eNB 之间的接口。X2 接口包含 X2-CP 和 X2-U 两部分，X2-CP 是各个 eNB 之间的控制面接口，X2-U 是各个 eNB 之间的用户面接口。

X2 接口控制面的协议栈结构如图 8-7 所示，X2 接口用户面的协议栈结构如图 8-8 所示。

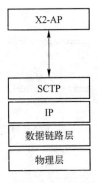

图 8-7　X2 接口控制面的协议栈结构

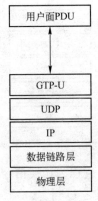

图 8-8　X2 接口用户面的协议栈结构

X2 接口的主要功能有：用户设备在激活状态下的移动性管理功能，包括从源 eNB 到目标 eNB 的信息内容传送，以及从源 eNB 到目标 eNB 的用户隧道控制功能；差错处理功能，包括差错指示等。

X2-CP 接口的信令过程包括切换准备、切换取消、UE 上下文释放、错误指示、负载管理。

小区间负载管理通过 X2 接口来实现。

X2 接口 LOAD INDICATOR 消息如图 8-9 所示，本消息被用于传送 eNB 间的负载状态信息。

图 8-9　X2 接口 LOAD INDICATOR 消息

8.3　LTE 关键技术

8.3.1　正交频分复用（OFDM）

OFDM 技术由多载波调制（Multi-Carrier Modulation，MCM）技术发展而来。由于 OFDM 的各子载波之间相互正交，可采用快速傅里叶变换（Fast Fourier Transform，FFT）实现这种调制。但在实际应用中，实现快速傅里叶变换的设备复杂，发射机和接收机振荡器的稳定性和射频功率放大器的线性要求等制约了 OFDM 技术的实现。自 20 世纪 80 年代以来，随着数字信号处理（Digital Signal Processing，DSP）技术的发展，FFT 技术的实现设备向低成本、小型化的方向发展，使得 OFDM 技术走向了高速数字通信的领域。

LTE 系统下行采用 OFDMA 技术，上行采用 SC-FDMA 技术。上/下行技术的主要差别在于上行要先经过离散傅里叶变换（DFT），再进行快速傅里叶逆变换（IFFT），在发射过程中进行了两次变换，而下行只进行 IFFT。采用 SC-FDMA 的主要目的是降低上行发射信号的峰均功率比（PAPR），从而降低对 UE 的功放线性度要求，提高 UE 的功放效率，延长 UE 的待机时间。

8.3.2　多输入多输出（MIMO）

LTE 系统中采用多输入多输出（Multiple-Input Multiple-Output，MIMO）技术来达到提高

用户平均吞吐量和频谱效率的要求。采用 MIMO 技术，一方面是性能提升的需要，另一方面是后续标准演进的需要。LTE 系统采用可以适应宏小区、微小区、热点等各种环境的 MIMO 技术，通过多天线提供不同的传输能力和空间分集复用增益。

MIMO 天线的基本配置是：基站设置 2 根发射天线，UE 设置 2 根接收天线，即 2×2 的天线配置。为了满足 LTE 频谱效率的需求，LTE 系统的上行和下行均支持多种 MIMO 技术方案。

1. 下行 MIMO 技术分类

（1）开环与闭环

根据用户终端（User Equipment，UE）是否反馈预编码矩阵索引（Precoding Matrix Indicator，PMI）信息（该信息供 eNB 下行数据发射使用），LTE 中的下行 MIMO 技术方案可以分为开环 MIMO 和闭环 MIMO。其中，开环 MIMO 不需要 UE 反馈 PMI 信息，而闭环 MIMO 需要 UE 反馈 PMI 信息。

（2）发射分集与空间复用

根据在相同时频资源块的多根天线上同时传输的独立空间数据流个数，LTE 中的下行 MIMO 方案可分为发射分集方案和空间复用方案。采用发射分集方案同时传输的独立空间数据流个数只能为 1，采用空间复用方案同时传输的独立空间数据流个数可以大于 1。将开环和闭环、发射分集与空间复用的划分综合起来，可以将 LTE 下行 MIMO 方案分为 4 种，即开环发射分集、闭环发射分集、开环空间复用和闭环空间复用。

（3）单用户与多用户

根据在相同时频资源块上同时传输的多个空间数据流是发送至或接收自一个用户还是多个用户，LTE 中的 MIMO 技术方案可分为单用户 MIMO 和多用户 MIMO。其中，单用户 MIMO 的空间数据流属于同一个用户，而多用户 MIMO 的空间数据流属于多个用户。

2. 上行 MIMO 技术分类

LTE 系统中上行 MIMO 技术方案不涉及开环与闭环的分类。由于 UE 只能单天线发射，所以也不涉及空间复用。eNB 具有多根独立接收天线，可采用接收合并技术。

LTE 协议中的 MIMO 方案和常用 MIMO 方案名称的对应关系如表 8-1 所示。

表 8-1　LTE 协议中的 MIMO 方案和常用 MIMO 方案名称的对应关系

LTE 协议中的 MIMO 方案名称	常用 MIMO 方案名称
上行单用户	接收分集
上行多用户	多用户虚拟 MIMO
发射分集	开环发射分集
单流的闭环空间复用	闭环发射分集
大延迟 CDD 空间复用	开环空间复用
闭环空间复用	闭环空间复用

3. 多天线发射

多天线发射指在发送端采用一定的算法处理发射信号，并使用多根天线来发射信号。eNB 支持多天线发射，UE 暂不支持。eNB 侧的多天线发射从 MIMO 技术上分为发射分集和空间复用两种方案，在每种模式下，根据接收端是否反馈信道预编码信息又可分为闭环和开环两种方案。MIMO 技术与传输模式的对应关系如表 8-2 所示。

表 8-2　MIMO 技术与传输模式的对应关系

传输模式编号	协议 MIMO 技术名称	含　义
TM1	单天线口（port 0）	使用单天线口 port 0 对应的导频格式发送信号，主要用于单天线传输场景
TM2	发射分集	采用开环发射分集技术，适用于小区边缘信道情况比较复杂，干扰较大的情况，有时也用于高速应用场景
TM3	发射分集	当 eNB 发射的空间数据流数等于 1 时，采用开环发射分集技术，适合于终端高速移动应用场景
TM3	大延迟 CDD 空间复用	当 eNB 发射的空间数据流数大于 1 时，采用开环空间复用技术，适用于终端高速移动应用场景
TM4	发射分集	当 eNB 发射的空间数据流数等于 1 且不采用 UE 反馈的 PMI 信息时，采用开环发射分集技术
TM4	闭环空间复用	当 eNB 需要根据 UE 反馈的 PMI 信息来发射下行数据时，采用闭环空间复用技术
TM5	MU-MIMO 传输模式	主要用于扩大小区的容量
TM6	发射分集	当 eNB 发射的空间数据流数等于 1 且不采用 UE 反馈的 PMI 信息时，采用开环发射分集技术，主要适合于小区边缘应用场景
TM6	单流的闭环空间复用	当 eNB 需要根据 UE 反馈的 PMI 信息来发射下行数据时，采用闭环发射分集技术，主要适合于小区边缘应用场景
TM7	单天线口（port 5）	使用 port 5 对应的导频格式发送信号，对应单流 Beamforming 技术，主要用于小区边缘场景，可有效对抗干扰

传输模式编号	协议 MIMO 技术名称	含　义
TM8	双层发射（port 7 和 port 8）	使用 port 7 和 port 8 对应的导频格式发送信号，对应双流 Beamforming 技术，可用于小区边缘场景，也可应用于其他场景
	单天线口（port 7 和 port 8）	单独使用 port 7 或 port 8 对应的导频格式发送信号，对应单流 Beamforming 技术，可用于小区边缘场景，也可应用于其他场景

　　TM9 是 LTE-A 中新增的一种模式，最多支持 8 层的传输，可以提升数据传输速率。

8.3.3　高阶调制和自适应调制编码

　　除了 BPSK、QPSK、8PSK 这些已经运用到 3G 中的调制技术，LTE 在下行链路中还引入了 16QAM 和 64QAM 技术，在上行链路中引入了 16QAM 技术。采用高阶调制技术虽然抗干扰能力不强，但 LTE 引入的 OFDM 技术可降低信道干扰的影响，同时可大幅度提升信道利用率。

　　与所有其他技术一样，调制方式的选择也受很多条件的限制，其中最重要的限制就是，效率越高的调制方式对信号质量的要求也越苛刻。如果某个用户距离基站太远，或者所处位置信号弱，就不能采用高速率的调制方式。为了克服这个弊端，自适应调制编码（Adaptive Modulation and Coding，AMC）方式应运而生。

　　AMC 方式根据无线信道的变化选择合适的调制和编码方式，网络侧根据用户瞬时信道质量状况和目前资源，选择最合适的下行链路调制和编码方式，使用户达到尽量高的数据吞吐率。当用户处于有利的通信地点时（如靠近 eNB 或存在视距链路），用户可以采用高阶调制和高速率的信道编码方式发送数据，如 16QAM 和 3/4 信道编码速率，从而可以得到高的峰值速率。而当用户处于不利的通信地点时（如位于小区边缘或信道深衰落），网络侧则选取低阶调制方式和低速率的信道编码方式，如 QPSK 和 1/4 信道编码速率，从而可以保证通信质量。图 8-10 所示为 AMC 示意图。

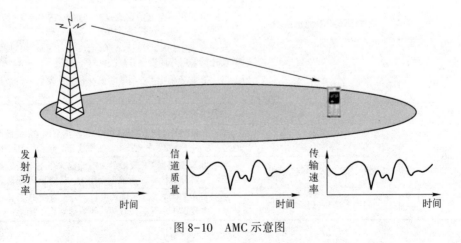

图 8-10　AMC 示意图

LTE 采用的调制编码方案（Modulation and Coding Scheme，MCS）如表 8-3 所示。

表 8-3　LTE 采用的调制编码方案

MCS 索引	调制阶数	TBS 索引	MCS 索引	调制阶数	TBS 索引
0	2	0	16	4	15
1	2	1	17	6	15
2	2	2	18	6	16
3	2	3	19	6	17
4	2	4	20	6	18
5	2	5	21	6	19
6	2	6	22	6	20
7	2	7	23	6	21
8	2	8	24	6	22
9	2	9	25	6	23
10	4	9	26	6	24
11	4	10	27	6	25
12	4	11	28	6	26
13	4	12	29	2	保留
14	4	13	30	4	
15	4	14	31	6	

8.4　4G 通信系统

8.4.1　4G 发展概况

虽然 3G 比 2G 功能更强大，但是 3G 仍然存在许多需要改进的地方，尤其是在高质量视频图像的传输方面。大体上说，3G 的局限性主要表现在以下几方面。

① 不能提供动态范围的多速率业务。由于 3G 空中接口主流的三种体制 WCDMA、cdma2000 和 TD-SCDMA 所支持的核心网不具有统一的标准，所以难以提供具有多种 QoS 及性能的多速率业务。

② 不能支持较高的通信速率。虽然 3G 号称能达到 2Mbps 的速率，但平均速率只能达到 384kbps。尽管 3G 增强型技术在不断发展，但其传输速率还有差距。

③ 不能真正实现不同频段、不同业务环境间的无缝漫游。因为采用不同频段的不同业务环境，需要移动终端配置不同的软件、硬件模块，而 3G 移动终端尚不能实现多业务环境的不同配置。

3G 的这些不足以及政策、经济等因素导致了人们对它的众多争议，再加上市场需求的不断提升和技术的发展，更先进的第四代移动通信系统（4rd Generation Communications System，4G）被提上了议事日程，受到人们的广泛关注。

2005 年 10 月，ITU 在 ITU-RWP8F 第 17 次会议上给 4G 技术确定了一个正式的名称 IMT-Advanced。按照它的定义，WCDMA、HSDPA 等技术统称为 IMT—2000 技术。

IMT-Advanced 标准继承了 3G 标准组织制定的多项标准并加以延伸，如 IP 核心网、开放业务架构及 IPv6。在此基础上，IMT-Advanced 强调其整体系统架构必须满足 3G 系统演进到未来 4G 系统的需求。

8.4.2　4G 的体系结构

4G 移动通信系统的网络体系结构由下至上可分为物理网络层、中间环境层和应用环境层，如图 8-11 所示。物理网络层提供接入和路由选择功能；中间环境层作为桥接层提供 QoS 映射、地址转换、安全管理等功能。物理网络层与中间环境层及应用环境层之间的接口是开放的，这样可以带来以下优点。

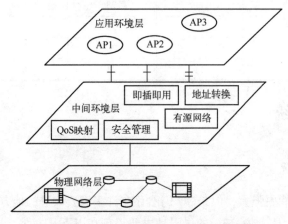

图 8-11　4G 移动通信系统的网络体系结构

① 可以提供无缝高速的无线服务。

② 可以运行于多个频带。

③ 发展和提供新的服务变得更容易。

④ 能自适应多个无线标准及多模终端，跨越多个运营商和服务商，提供更大的服务范围。

8.4.3　4G 的标准体系

2012 年 1 月 18 日，国际电信联盟在 2012 年无线电通信全会上，正式审议通过将 LTE-Advanced 和 WirelessMAN-Advanced（IEEE 802.16m）技术规范确立为 IMT-Advanced（俗称 4G）国际标准，中国主导制定的 TD-LTE-Advanced 和 FDD-LTE-Advance 同时并列成为 4G 国际标准。

1. LTE-Advanced

从字面上看，LTE-Advanced 就是 LTE 技术的升级版。LTE 为 GSM（2G）/UMTS（3G）、WCDMA（3G）标准家族的最新成员，它是以 GSM 为基础、从 3G 发展延伸而来的技术。LTE-Advanced 的正式名称为 Further Advancements for E-UTRA，它满足 ITU-R 的 IMT-Advanced 技术征集的需求，是 3GPP 形成欧洲 IMT-Advanced 技术提案的一个重要来源。

LTE-Advanced 是一个后向兼容的技术，完全兼容 LTE。LTE-Advanced 的相关特性如下。

- 带宽：100MHz。
- 峰值速率：下行 1Gbps，上行 500Mbps。
- 峰值频谱效率：下行 30bps/Hz，上行 15bps/Hz。
- 有效支持新频段和宽带宽应用。
- 峰值速率大幅提高，频谱效率有所改进。

2. WiMAN-Advanced/IEEE 802.16m

IEEE 802.16 系列标准在 IEEE 被正式称为 WirelessMAN，而 WirelessMAN-Advanced 被称为 IEEE 802.16m。IEEE 802.16m 是以移动 WiMAX（Mobile WiMAX，IEEE 802.16e—2005）为基础的无线通信技术，也称为 WiMAX II。IEEE 802.16m 项目的主要目标有两个：一是满足 IMT-Advanced 的技术要求；二是保证与 IEEE 802.16e 兼容。为了满足 IMT-Advanced 所提出的技术要求，IEEE 802.16m 下行峰值速率应该实现在低速移动、热点覆盖场景下传输速率达到 1Gbps；在高速移动、广域覆盖场景下传输速率达到 100Mbps；而在慢速状态下，传输速率将能达到 1Gbps。在城市中，其传输距离约为 2km，而在郊区其传输距离可达 10km。IEEE 802.16m 主要技术参数如表 8-4 所示。

表 8-4　IEEE 802.16m 主要技术参数

工 作 频 段	小于 6GHz 的授权频段			
系统带宽	5~20MHz，其他带宽也可以使用			
双工方式	FDD 全双工、FDD 半双工、TDD			
天线配置	下行至少 2×2，上行至少 1×2			
峰值速率/频谱效率	类别	链路方向	MIMO 配置	峰值频谱效率（bps/Hz）
	基准值	下行	2×2	8.0
		上行	1×2	2.8
	目标值	下行	4×4	15.0
		上行	2×4	5.6
吞吐率和 VoIP 容量	类别		下行	上行
	平均扇区吞吐率（bps/Hz/sector）		2.6	1.3
	平均用户吞吐率（bps/Hz）		0.26	0.13
	小区边缘吞吐率（bps/Hz）		0.09	0.05
	VoIP 容量（激活呼叫/MHz/sector）		30	30
数据时延	下行时延小于 10ms，上行时延小于 10ms			
状态转移时延	最大时延 100ms			
切换中断时延	同频切换时延小于 30ms，异频切换时延小于 100ms			
MBS 频谱效率	基站间距 0.5km，频谱效率大于 4bps/Hz 基站间距 1.5km，频谱效率大于 2bps/Hz 最大 MBS 信道重选中断时间：同频<1s，异频<1.5s			
LBS 定位精度	基于手机的定位精度：50m（概率为 67%），150m（概率为 95%） 基于网络的定位精度：100m（概率为 67%），300m（概率为 95%）			

IEEE 802.16m 标准的优势如下。

① 提高了网络覆盖率，可改进链路预算。

② 提高了频谱效率。

③ 提高了数据和 VoIP 容量。

④ 低时延，增强 QoS 功能。

⑤ 节省功耗。

WirelessMAN-Advanced 有 5 种网络数据规格，其中极低速率为 16kbps，低速率数据及低速多媒体的速率为 144kbps，中速多媒体的速率为 2Mbps，高速多媒体的速率为 30Mbps，超高速多媒体的速率则达到了 30Mbps~1Gbps。

8.4.4　4G 的关键技术

　　第四代移动通信系统在无线接入网络、核心网和终端技术三方面进行了深刻变革。与3G 网络物理层以 CDMA 技术为核心不同，4G 网络的物理层以 OFDM 技术为核心，以 MIMO 等技术为辅，其主要内容包括信道传输抗干扰性强的高速接入技术；调制和信息传输技术；高性能、小型化和低成本的自适应阵列智能天线；大容量、低成本的无线接口和光接口；系统管理资源；软件无线电、网络结构协议等。

1. OFDM 技术

　　OFDM（正交频分复用）技术是一种无线环境下的高速传输技术。正交频分复用的基本原理是把高速的数据流通过串/并变换，分配到传输速率相对较低的若干子信道中传输，在频域内将信道划分为若干个互相正交的子信道，每个子信道均拥有自己的载波并分别进行调制，信号通过各个子信道独立传输。如果每个子信道的带宽被划分得足够窄，每个子信道的频率特性就可近似看作是平坦的，即每个子信道都可看作无符号间干扰（ISI）的理想信道，这样在接收端无须使用复杂的信道均衡技术即可对接收信号解调。在 OFDM 系统中，在 OFDM 符号之间插入保护间隔来保证频域子信道之间的正交性，消除 OFDM 符号间干扰。OFDM 系统框图如图 8-12 所示。

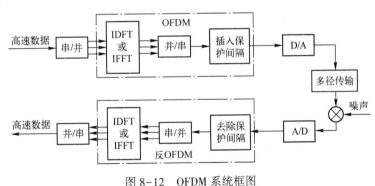

图 8-12　OFDM 系统框图

　　（1）OFDM 技术的优点

　　OFDM 技术之所以越来越受关注，是因为 OFDM 技术具有以下这些独特的优点。

　　① 频谱利用率高，频谱效率比串行系统高近一倍。OFDM 信号的相邻子载波相互重叠，从理论上讲其频谱利用率可以接近奈奎斯特极限。

　　② 抗多径干扰与频率选择性衰落能力强。OFDM 系统把数据分散到许多子载波上，大大降低了各子载波的符号速率，从而减弱了多径传播的影响。

③ 采用动态子载波分配技术能使系统达到最大比特率。通过选取各子信道、每个符号的比特数，以及分配给各子信道的功率使总比特率最大，各子信道信息分配应遵循信息论中的"注水定理"，即采取优质信道多传送，较差信道少传送，劣质信道不传送的原则。

④ 通过各子载波的联合编码，信道具有很强的抗衰落能力。OFDM 技术本身已经利用了信道的频率分集，如果衰落不是特别严重，就没有必要再加时域均衡器。但通过将各个信道联合编码，可以使系统性能显著提高。

⑤ 基于离散傅立叶变换（DFT）的 OFDM 有快速算法，OFDM 采用 IFFT 和 FFT 来实现调制和解调，易用 DSP 实现。

（2）OFDM 技术的主要技术难点

OFDM 技术有以下主要技术难点。

① 峰均值功率比过大问题。OFDM 信号在时域上为多个正弦波的叠加，当子载波个数多到一定程度时，OFDM 信号波形将是一个高斯随机过程，具有很大的峰均值功率比（PAPR）。OFDM 信号经非线性信道传输后，扩展了信号的频谱，其旁瓣将会干扰邻近信道的信号，引起邻信道干扰，破坏其载波间的正交性。导致发送端对高功率放大器（HPA）的线性度要求很高，同时使得 OFDM 系统的性能大大下降。

② 信道估计问题。为了提高频谱效率，需要在接收机端采用相干检测，这就需要信道估计。同时，采用分集接收的系统也需要进行信道估计，以达到多径信号的最佳合并效果。在设计信道估计器时存在两个问题：一是导频信息必须不断地传送；二是既有较低的复杂度又有良好的导频跟踪能力的信道估计器设计困难。

③ 时域和频域同步。OFDM 系统对定时和频率偏移特别敏感，尤其在与 FDMA、TDMA 和 CDMA 等方式结合使用时。下行链路同步则相对比较简单。

④ 多用户接入问题。OFDM 系统各子载波的频谱是重叠的，不同的用户间将比传统的 FDMA 方式对其他用户产生更大的干扰，多用户接入问题是 OFDM 系统在移动通信应用中遇到的关键性难题，当前相应解决方法有 OFDM-CDMA 和时域扩频。

2. 软件无线电

所谓软件无线电技术就是采用数字信号处理技术，在可编程控制的通用硬件平台上，利用软件来实现无线电台的各部分功能，包括前端接收、中频处理和信号的基带处理等。整个无线电台从高频、中频、基带直到控制协议部分全部由软件编程来实现。

软件无线电技术的核心就是在尽可能接近天线的地方使用 A/D 和 D/A 转换器，尽早完成信号的数字化。因此，应用软件无线电技术，一个移动终端就可以实现在不同系统和平台之间畅通无阻地使用。目前比较成熟的软件无线电技术有参数控制软件无线电系统。软件无线电可与 MIMO 技术相结合，在通用芯片上用软件实现专用芯片的功能，其优势已经得到了充分的体现。软件无线电技术的使用将会给 MIMO 无线通信系统带来以下好处。

① 可克服微电子技术的不足。

② 系统功能的增强可通过软件升级来实现。

③ 减少用户设备费用支出。

④ 可支持多种通信体制并存。

⑤ 便于技术进步和标准升级。

软件无线电技术可以充分利用数字化射频信号中的大量信息，评估传输质量，分析信道特点，采用最佳接入模式，灵活分配无线资源，实现 MIMO 移动通信系统的动态管理和优化。从近期发展来看，软件无线电技术可以解决不同标准的兼容性，为实现全球漫游提供方便。从长远发展来看，软件无线电发展的目标是，实现根据无线电环境的变化而自适应地配置收发信机的数据速率，调制解调方式和信道编译码方式，使调整信道频率、带宽及无线接入方式智能化，从而更加充分地利用频谱资源，在满足用户 QoS 要求的基础上使系统容量达到最大化。

3. 定位技术

定位技术是指移动终端位置的测量方法和计算方法。它主要分为基于移动终端的定位、基于移动网络的定位和混合定位三种方式。由于通信终端可能会在不同系统（平台）间进行移动通信，因此，对移动终端的定位和跟踪，是实现移动终端在不同系统（平台）间无缝移动和在系统中实现高速率、高质量的移动通信的前提和保障。

4. 切换技术

切换技术适用于移动终端在不同的移动小区之间、不同频率之间通信或在信号强度降低时选择信道等情况。切换技术是未来移动终端在众多的通信系统、移动小区之间建立可靠通信的基础，包括软切换、更软切换和硬切换。

5. MIMO 技术

MIMO 技术示意图如图 8-13 所示，该技术最早是由 Marconi 于 1908 年提出的，利用多天线来抑制信道衰落。MIMO 技术是指在发射端和接收端分别设置多副发射天线和接收天线，其出发点是将多发送天线与多接收天线相结合以改善每个用户的通信质量（如降低差错率）或提高通信效率（如提高数据传输速率）。MIMO 技术实质上是为系统提供空间复用增益和空间分集增益，空间复用技术可以大大提高信道容量，而空间分集技术则可以提高信道的可靠性，降低信道的误码率。

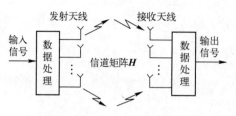

图 8-13　MIMO 技术示意图

MIMO 技术的关键是能够将传统通信系统中存在的多径衰落影响因素变成增强用户通信性能的有利因素，MIMO 技术有效地利用随机衰落和可能存在的多径传播来成倍地提高业务传输速率，因此它能够在不增加所占用的信号带宽的前提下使无线通信的性能改善几个数量级。

8.4.5　全 IP 网络

4G 移动通信系统的核心网是一个基于全 IP 的网络。全 IP 网络是对传统 3GPP 系统的整体变革，这体现在与 IP 技术的融合、通用的无缝接入、端到端的性能保障、安全性和私密性、改良的用户体验、低廉的成本，以及灵活的部署等多个方面。简单来讲，移动通信的每个设备都是全 IP 化的。比如基站、BSC、MSC 都 IP 化，这就组建了一个全 IP 化的网络，方便网络管理和维护，提高了网络性能。它包含了以下含义。

（1）全 IP 的传送系统用以降低成本

这主要体现在以下几个方面：

① 基于 IP 的业务传送平台可以使网络的可扩展性和灵活性得到提高，从而降低投资费用。

② 以统一的传输机制解决语音和数据的传送问题，可以降低网络在业务传送上的成本。

③ 基于全 IP 的接入网可以将现有主从式的垂直网络结构演变为全分布式的网络结构，以充分利用 IP 网络接入的普遍性优势，降低基建投资。

（2）全 IP 的信令和网管以简化网络管理

为实现这一点需要解决原有网管的更新和信令方式的变化两个问题。

（3）全 IP 的应用服务开发以增加新的赢利机会

这是因为 Internet 业务可以给移动运营商带来广阔的商机，同时也是为了解决传统的移动运营商在应用服务开发方面所面临的瓶颈问题。

同时，全 IP 网络利于实现不同网络间的无缝互连。核心网独立于各种具体的无线接入方案，无线接入网只要提供端到端的 IP 业务，就可以与已有的核心网兼容。同时全 IP 核心网可以允许各种空中接口接入，并把业务、控制和传输等分开。此外，IP 与多种无线接入协议相兼容，因此，在设计核心网时具有很大的灵活性，不需要考虑无线接入究竟采用何种方式和协议。

习题

8-1　LTE 核心网的主要网元有哪些？

8-2　E-UTRAN 无线侧的主要网元是什么？

8-3　LTE 的关键技术有哪些？

8-4　当前有哪些 4G 移动通信标准？

8-5　S1 和 X2 接口的定义和功能是什么？

第 9 章　第五代移动通信系统

5G 指第五代移动通信系统，也指第五代移动通信技术，是 4G 之后移动通信的发展方向。目前全球很多国家和地区都有 5G 的研究项目组，这些项目组正在开展一系列的 5G 技术试验，力争成为 5G 标准的制定者。

9.1　全球 5G 发展概况

1. 欧盟

2011 年，欧盟最先开展了 5G 研究。METIS 是欧盟第一个完整的 5G 项目，它的原始诉求是为全球的 5G 研究建立参照体系，包括确定 5G 的应用场景、测试用例和重要性能指标，其主要成果是筛选了 5G 的主要技术元素。欧盟通过该项目在 5G 的研发方面获得了明显的领先地位。

5G-PPP 项目是欧盟框架 7 项目中的 5G 后续项目。欧盟的 ICT 行业和欧盟委员会（EC）于 2013 年 12 月签署了商业协议，组建 5G 基础设施公私合作项目。该项目主要进行技术研究，在设备制造企业、电信运营商、服务提供商和中小企业及研究人员之间架起了桥梁。

5G-PPP 项目的目标是确保欧盟在特定领域的领先，并在这些领域开发潜在的新市场，例如智慧城市、电子医疗、智能交通、教育、娱乐和媒体等领域。5G-PPP 项目的终极目标是设计第五代移动通信网络和服务。5G-PPP 项目的第一个子项目开始于 2015 年 7 月。

2. 中国

在"十三五"规划中，中国政府将 5G 技术描述为"战略性新兴产业"和"新的增长点"。2018 年 12 月 7 日，工业和信息化部许可中国移动、中国联通、中国电信自通知日至 2020 年 6 月 30 日在全国开展第五代移动通信系统试验。2019 年 5 月 8 日，工业和信息化部、国资委发布的《两部门关于开展深入推进宽带网络提速降费支撑经济高质量发展 2019 专项行动的通知》中提到，重点任务之一是继续推动 5G 技术研发和产业化。2019 年是 5G 网络的主建设期，包含网络架构和基站建设等方面。2019 年 6 月 6 日工业和信息化部正式向中国移动、中国联通、中国电信和中国广电公司发放 5G 商用牌照，这标志着中国正式进入 5G 商用元年。

3. 韩国

韩国的 5G 论坛是公私合作项目，该项目成立于 2013 年 5 月，成员包括 ETRI、SK Telecom、KT、LG-ERICSSON 和三星公司。该项目的主要目标是发展和提出国家的 5G 战略，并对技术创新做出战略规划。2018 年平昌冬季奥运会，韩国实现了 5G 首秀，由韩国电信运营商 KT 联手爱立信（主要负责基站设备等）、三星（主要负责终端设备等）、思科（主要负责数据设备等）、英特尔（主要负责芯片等）、高通（主要负责芯片等）等产业链各环节公司全程提供 5G 网络服务，成为 5G 全球首个大范围的准商用服务。

4. 日本

ARIB 2020 和未来专项成立于 2013 年 9 月，这个组织的目标是研究系统概念、基本功能和移动通信的分布式架构。预期输出包括白皮书和向 ITU 及其他 5G 组织提交的文件。与平昌冬季奥运会相似，2020 年东京奥运会及残奥会也成了日本发展 5G 的重要助力。为配合 2020 年东京奥运会和残奥会的举办，日本各运营商将在东京都中心等部分地区启动 5G 的商业应用，随后会逐渐扩大范围。

5. 美国

早在 2016 年，美国政府就对 5G 网络的无线电频率进行了分配，并计划在 2018 年实现全面商用。当时美国政府也向电信公司提供了资助，在 4 座城市进行 5G 的先期试验。2017 年，美国运营商 Verizon 正式宣布将于 2018 年下半年在美国部分地区部署 5G 商用无线网和 5G 核心网。

6. 俄罗斯

早在 2016 年，俄罗斯电信运营商 MTS 公司宣布正在与诺基亚公司和爱立信公司合作，为 2018 年俄罗斯世界杯开发 5G 测试网络。在该 5G 试验期间，MTS 公司展示了几种不同的 5G 用例，包括高清视频通话、超低延迟视频游戏和高清视频流等。俄罗斯国有电信运营商 Rostelecom 还在圣彼得堡与爱立信公司合作进行了 5G 试验，并携手诺基亚公司进行了相关 5G 试点项目。

相比于其他国家，俄罗斯面临着高昂的 5G 建设成本。对此，俄罗斯两家大型电信运营商 MegaFon 和 Rostelecom 正试图联合起来共同克服在俄罗斯建设 5G 网络所面临的巨大成本挑战。

7. 巴西

当美国、中国、日本、韩国、欧盟等国家和共同体各自发力研究 5G 之际，巴西则采取了不同的方针政策。2017 年年中，巴西科学、技术、创新和通信部（MCTIC）指出，已经同上述国家、共同体的科技人员签订了技术发展合作协议，以期共同发展 5G 网络。

实际上，巴西是全球第 6 个参与到 5G 信息技术开发的国家。到目前为止，巴西在全球信息和通信技术发展上已经取得了不小的成就。这也说明巴西目前已经有能力进行 5G 网络的投资、开发以及深层次的研究。

9.2　5G 标准化进展

9.2.1　ITU-R

2012 年 ITU 无线通信部门（ITU-R）在 5D 工作组（WP5D）的领导下启动了"面向 2020 和未来 IMT"的项目，提出了 5G 移动通信空中接口的要求。WP5D 制定了工作计划、时间表、流程和交付内容，WP5D 暂时使用"IMT—2020"来代表 5G。根据时间表的要求，需要在 2020 年完成"IMT—2020 技术规范"。至 2015 年 9 月，已经完成了下列 3 个报告。

① 未来陆地 IMT 系统的技术趋势：这个报告介绍了 2015—2020 年陆地 IMT 系统的技术趋势，包括一系列可能被用于未来系统设计的技术。

② 超越 2020 的 IMT 建议和愿景：该报告描述了 2020 年和未来的长期愿景，并对未来 IMT 的开发提出了框架建议和总体目标。

③ 高于 6GHz 的 IMT 可行性分析：这份报告提供了 IMT 在高于 6GHz 频段部署的可行性。

2019 年 7 月 17 日，ITU-R WP5D 第 32 次会议在巴西布济乌斯结束。中国代表团主要由中国信息通信研究院、华为、中兴、中国信科、中国移动、中国电信、中国联通等单位组成。中国在本次会议上完成了 IMT—2020（5G）候选技术方案的完整提交，获得了 ITU 关于 5G 候选技术方案的正式接收确认函。

9.2.2　3GPP

2018 年 6 月 13 日，3GPP 确认并冻结了 5G 独立组网标准。这意味着，首个独立可用的 5G 方案初步确定，不管是设备厂商还是电信运营商，都可以根据标准加快网络设备的设计进程。不过这只是第一阶段，根据 3GPP 确定的 5G 标准化进程，预计在 2019 年 12 月，将完成满足 ITU 全部要求的完整 5G 标准。

9.2.3　IEEE

在电气与电子工程师学会（IEEE）中，主要负责局域网和城域网的是 IEEE 802 标准委员会。特别是负责无线个人区域网络的 IEEE 802.15 项目（WPAN）和无线局域网（WLAN）的 IEEE 802.11 项目。IEEE 802.11 技术在最初设计时使用频段为 2.4GHz。后来 IEEE 802.11 开发了吉比特标准，IEEE 802.11ac 可以部署在更高的频段，例如 5GHz 频段，以及 IEEE 802.11ad 可以部署在 60GHz 毫米波频段。这些系统的商用部署始于 2013 年，可以预见，今后几年采用 6GHZ 以下（例如 IEEE 802.11ax）和毫米波频段（例如 IEEE 802.11ay）的系统将会实现高达若干 Gbps 的速率。IEEE 很有可能会基于其高速率技术提交 IMT—2020 的技术方案。IEEE 802.11p 是针对车辆应用的技术，预计会在车联网 V2V 通信领域得到广泛应用。IEEE 在物联网领域也表现活跃。IEEE 802.11ah 支持在 1GHz 以下频段部署覆盖增强的 WiFi。IEEE 802.15.4 标准在低速个人通信网络（LR-WPAN）方面较为领先。这一标准被 ZigBee 联盟进一步拓展为专用网络连接技术，并被国际自动化协会（ISA）采纳，用于协同和同步操作，即 ISA 100.11a 规范。预计 5G 系统会联合使用由 IEEE 制定的空中接口，这些接口和 5G 之间的接口设计需要十分仔细，包括身份管理、移动性、安全性和业务等方面。

9.3　5G 架构

过去的网络部署严重依赖于网元，网络层级结构严格。由于 5G 系统必须满足多种需求，为了实现未来网络的灵活性，要求在投入和撤出某些网络功能时，网络不受影响，因此，网络功能虚拟化（NFV）和软件定义网络（SDN）等技术将得到应用。使用这些技术需要重新考虑传统的网络架构设计。

9.3.1　NFV 和 SDN

当前运营商的网络中包含了大量硬件设备，引入新业务往往需要集成复杂的专用硬件，而硬件的生命周期由于技术和服务加速创新而变短。2012 年年底，网络运营商发起了 NFV 倡议。NFV 的目标是将不同网络设备整合到符合工业标准的大量服务器上。这些服务器可位于不同的网络节点，也可以部署在用户的办公地点。这里的 NFV 与传统的服务器虚拟化之间的区别在于：虚拟化的网络功能可能由一个或多个虚拟机组成，为了取代定制的硬件设备，虚拟机需要运行不同的软件和进程。一般来说，通常需要多项 VNF 技术依次使用，才能够为用户提供有用的服务。

欧洲电信标准化协会（ETSI）为 NFV 制定了参考架构，如图 9-1 所示。

图 9-1 中各英文缩写说明如下。

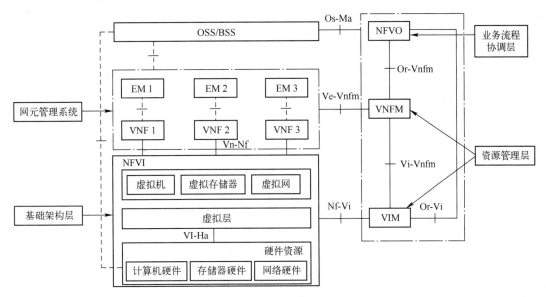

图 9-1　NFV 参考架构

- OSS（Operation Support System）：运营支撑系统；
- BSS（Business Support System）：业务支撑系统；
- EM（Element Manager）：网元管理系统，提供对虚拟网元的业务和资源管理，可对应于边缘计算架构中的边缘平台；
- VNF（Virtualized Network Function）：虚拟化的网络功能；
- NFVI（Network Functions Virtualization Infrastructure）：网络功能虚拟化基础设施，是具有部署网络功能虚拟化能力的环境中所有硬件设备与软件组件的统称；
- VIM（Virtualized Infrastructure Manager）：虚拟化基础设施管理器，负责对 NFVI 的计算资源、存储资源和网络资源进行控制与管理的功能模块，VIM 可被部署于基础网络运营商的基础设施域（如 NFVI 接入点/服务提供点）；
- VNFM（Virtualized Network Function Manager）：虚拟化的网络功能模块管理器，用于进行虚拟化的网络功能模块生命周期管理的功能模块；
- NFVO（Network Functions Virtualization Orchestrator）：网络功能虚拟化协调器，可用于管理 NS（Network Service，网络业务）生命周期，并协调 NS 生命周期和 VNF 生命周期的管理（需要得到 VNFM 的支持），以及 NFVI 各类资源的管理（需要得到 VIM 的支持），以此确保所需各类资源与连接的优化配置。

一个虚拟网元由虚拟资源与网元逻辑功能 App 两部分组成。相应部分的管理则分别由原来管理网元逻辑功能的 NM/EM 功能架构变成了 NM-EM/NFVO-VNFM 网状架构，从标准接口上新增了三个跨两个标准化组织（3GPP SA5 和 ETSI NFV）定义的水平向标准化接口（Os-Ma-nfvo、Ve-Vnfm-em 和 Ve-Vnfm-VNF），以及三个在 ETSI NFV 中定义的垂直向标准化接口（Or-Vnfm、Or-Vi 和 Vi-Vnfm）。

参考架构是可扩展的，可以从最基本的设计和功能开始，一直延伸到能容纳极端网络流量的配置，包括完整的基础架构层、资源管理层、业务流程协调层，以及 OSS 层和网络功能层。其中，网络功能层中的虚拟网元就逻辑功能而言与物理网元相同，因此在 ETSI 中没有做进一步的规范。

（1）基础架构层

在基础架构层，需要基于最新科技的商业通用计算、存储和网络资源，这些基础架构资源可以部署在 Hypervisor 层以实现运行虚拟化，可以为 ISV 和电信运营商的虚拟网络功能在标准服务器上提供线速的网络性能，同时，还可以结合实时 Linux 操作系统、SR-IOV、DPDK、vSwitch、KVM 等技术，确保电信级网络运行的性能和可靠性。最终达到网络功能虚拟化的终极目标：在标准商用 IT 硬件资源上运行网络。

（2）资源管理层

由于在基础设施层使用了大量标准商用 IT 硬件，因此对这些硬件的管理便显得极为重要。尽管在 ETSI 参考架构中并未对硬件管理工具做出详细说明，但这个问题显然不容忽视。在 NFV 参考架构的底层，需要一个统一的、全面的基础架构平台管理工具，这个管理工具允许 IT/网络运维团队采用更加简单、自动化的方式去管理、配置、协作 NFV 的基础设施。管理软件应当基于 RESTAPI 等通用接口设计，易于扩展到整个数据中心的设备管理甚至云管理，以便大大降低设备运营成本，同样也降低为 NFV 网络功能提供快速运行平台服务的时间。

在这个基础之上，虚拟基础设施管理层将实现真正意义上 NFV 领域内的基础设施即服务（IaaS），它利用云操作系统实现分钟级别的基础架构资源分配和服务部署，对外提供标准的 API，实现高度自动化云部署管理和云服务管理。在这一层面上，尽管 OpenStack 已经越来越为人所接受，但必须考虑到社区版 OpenStack 在支持力度、性能优化、稳定性等方面的问题，慎重选择适合电信级应用的 VIM 解决方案。

（3）业务流程协调层

最后，在管理层还需要协调器，用于实现 NFV 网络功能的组织和协调，以及全局资源的管理和监控。这个模块的功能与 NFVO 功能相同，是 NFV 网络功能运营的关键组件。由此可见，运营商在这一层上需要一个第三方的、独立于设备制造商的协调器，可以和来自不同设备制造商或者软件开发商的网元进行对接，这是开放 NFV 生态系统的关键，让运营商不再被厂商锁定。

NFV 的最终目标是，通过基于行业标准的 x86 服务器、存储和交换设备，来取代通信网的私有专用的网元设备。由此带来的好处有两方面，一方面基于 x86 标准的 IT 设备成本低廉，能够为运营商节省巨大的投资成本；另一方面开放的 API 接口，也能帮助运营商获得更多、更灵活的网络能力。可以通过软硬件解耦及功能抽象，使网络设备功能不再依赖于专用硬件，资源可以充分灵活共享，实现新业务的快速开发和部署，并基于实际业务需求进行自动部署、弹性伸缩、故障隔离和自愈等。NFV 最重要的优势是在降低资产和运营开销的同时，缩短功能发布时间。但是，获得这些优势的前提条件是不同厂商的 VNF 是可移植的，并且可以在网络硬件平台共存。

除了 NFV，SDN 也是网络虚拟化的一种实现方式，是另一种重要的新型网络架构。SDN 由美国斯坦福大学提出，其核心技术 OpenFlow 通过将网络设备的控制面与数据面（也称基础设施层与用户面）分离开来，实现了网络流量的灵活控制，使网络更加智能化。此外，网络控制集中到控制面，而网络设备（例如处理数据的交换机和路由器）则分布在基础设施层的拓扑结构中。

SDN 架构图如图 9-2 所示。SDN 采用集中式的控制平面和分布式的转发平面，两个平面相互分离，控制平面通过控制-转发通信接口对转发平面上的网络设备进行集中式控制。SDN 的基本网络要素包括以下几点。

- 逻辑上集中的 SDN 控制器：基于软件的控制器，负责维护全局网络视图，并向上层应用提供用于实现网络服务的可编程接口（通常也称为"北向接口"）；
- 控制应用程序：该程序运行在控制器上，通过控制器提供的全局网络视图，控制应用程序，可以把整个网络定义成为一个逻辑的交换机，同时，利用控制器提供的应用编程接口，网络人员能够灵活地编写多种网络应用，如路由、多播、安全、接入控制、带宽管理、流量工程、服务质量等；
- 转发抽象：SDN 控制器通过南向接口对数据平面进行编程控制，实现数据平面的转发等网络行为，利用 SDN 提供的转发平面的网络抽象来构建全局网络视图。

控制层北向接口通过标准化的应用编程接口（API）与应用和服务互动，南向接口通过标准化的 OpenFlow 指令集与物理网络互操作。API 实现路由、安全性和带宽管理等服务。OpenFlow 允许直接接入网络设备面，例如多厂商交换机和路由器。基于每一个线程的网络可编程能力，提供了极端颗粒控制，能够响应不断变化的应用层实时需求，从而避免缓慢复杂的人工网元配置。从拓扑结构的角度，属于控制和基础设施层的 NF 可以被集中化部署，也可以根据需要进行分布式部署。

SDN 的基本特征如下。

- 控制与转发分离：转发平面由受控转发的设备组成，转发方式和业务逻辑由运行在分离出去的控制面上的控制应用程序所控制；

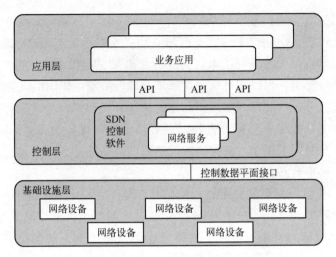

图 9-2　SDN 架构图

- 控制平面与转发平面之间的开放接口：SDN 为控制平面提供开放的网络操作接口，也称为可编程接口，通过这种方式，控制应用只需要关注自身逻辑，而不需要关注底层更多的实现细节；
- 逻辑上的集中控制：逻辑上集中的控制平面可以控制多个转发面设备，也就是控制整个物理网络，可以获得全局的网络状态视图，并根据该全局网络状态视图实现对网络的优化控制。

NFV 和 SDN 并非互相依存。但是由于 NFV 提供了灵活的基础设施，SDN 软件可以运行于其上，反之亦然，即 SDN 概念使基于线程的网络功能配置成为可能。

9.3.2　5G 无线接入网络架构

5G 无线接入网络架构主要包括 5G 接入网和 5G 核心网，其中 NG-RAN 代表 5G 接入网，5GC 代表 5G 核心网，5G 无线接入网络架构如图 9-3 所示。

5G 核心网的主要网元如下。

- AMF（Access and Mobility Management Function）：接入和移动管理功能，负责终端接入权限和切换等；
- SMF（Session Management Function）：会话管理功能，提供服务连续性和服务的不间断用户体验，包括 IP 地址和/或锚点变化的情况；
- UPF（User Plane Function）：用户面管理功能，负责管理用户面，与 UPF 关联的 PDU 会话可以由（R）AN 节点通过（R）AN 和 UPF 之间的 N3 接口服务的区域完成，而无须在其间添加新的 UPF 或移除/重新分配 UPF。

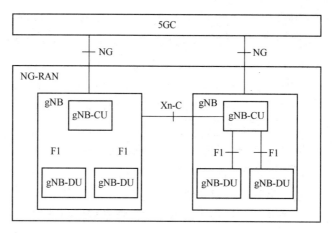

图 9-3　5G 无线接入网络架构

9.4　5G 关键技术

5G 作为新一代的移动通信技术，它的网络结构、网络能力和要求都与过去有很大不同，其核心技术简述如下。

（1）高效非正交多址接入

新型的多址方案允许通过在功率和码域中复用用户来使频谱超载，实现非正交接入，其中同时服务的用户的数量不再被正交资源的数量绑定。这种方法可使连接的设备数量增加 2~3 倍，同时获得高达 50% 的用户和系统吞吐量的增益。候选方案是非正交多址（NOMA）、稀疏码多址（SCMA）和交织分多址（IDMA）。所有方案可以与开环和闭环 MIMO 方案良好地组合，实现 MIMO 空间分集增益。

（2）灵活的框架设计

设计 5G NR 的同时，采用灵活的 5G 网络架构，进一步提高 5G 服务多路传输的效率。这种灵活性既体现在频域，又体现在时域上，5G NR 的框架能充分满足 5G 的不同服务和应用场景，包括可扩展的时间间隔（Scalable Transmission Time Interval，STTI），自包含集成子帧（Self-contained Integrated Subframe）。

（3）先进的新型无线技术

5G 演进的同时，LTE 本身也还在不断进化（比如最近实现的千兆级 4G+），5G 不可避免地要利用目前用于 4G LTE 的先进技术，如载波聚合、MIMO、非共享频谱等，以及众多成熟的通信技术。

- 大规模 MIMO：从 2×2 提高到了目前 4×4 MIMO。更多的天线也意味着占用更多的空间，要在空间有限的设备中容纳更多天线显然不现实，只能在基站端叠加更多MIMO。从目前的理论来看，5G NR可以在基站端使用最多256根天线，而通过天线的二维排布，可以实现3D波束成型，从而提高信道容量和覆盖。

- 毫米波：全新5G技术正首次将频率大于24GHz的频段（通常称为毫米波）应用于移动宽带通信。大量可用的高频段频谱可提供极致数据传输速度和容量，这将重塑移动体验。但毫米波的利用并非易事，使用毫米波频段传输更容易造成路径受阻与损耗（信号衍射能力有限）。通常情况下，毫米波频段传输的信号甚至无法穿透墙体，此外，它还面临着波形和能量消耗等问题。

- 频谱共享：用共享频谱和非授权频谱，可将5G扩展到多个维度，实现更大容量、使用更多频谱、支持新的部署场景。这不仅将使拥有授权频谱的移动运营商受益，而且会为没有授权频谱的厂商创造机会，如有线运营商、企业和物联网垂直行业，使他们能够充分利用5G NR技术。5G NR支持所有频谱类型，并通过前向兼容灵活地利用全新的频谱共享模式。

- 先进的信道编码设计：目前LTE网络的编码还不足以应对未来的数据传输需求，因此迫切需要一种更高效的信道编码，以提高数据传输速率，并利用更大的编码信息块契合移动宽带流量配置，同时，还要继续提高现有信道编码技术（如LTE Turbo）的性能极限。LDPC的传输效率远超LTE Turbo，且易平行化的解码设计，能以低复杂度和低时延，扩展达到更高的传输速率。

（4）超密集异构网络

5G网络是一个超复杂的网络，在2G时代，几万个基站就可以实现全国的网络覆盖，但是到了4G时代，中国的网络超过500万个。而5G需要做到每平方千米支持100万个设备，这个网络必须非常密集，需要大量的小基站来进行支撑。同样一个网络中，不同的终端需要不同的速率、功耗，也会使用不同的频率，对于QoS的要求也不同。在这样的情况下，网络很容易造成相互之间的干扰。5G网络需要采用一系列措施来保障系统性能：不同业务在网络中的实现、各种节点间的协调方案、网络的选择，以及节能配置方法等。

在超密集网络中，密集地部署使得小区边界数量剧增，小区形状也不规则，用户可能会频繁地切换小区。为了满足用户移动性需求，就需要新的切换算法。

总之，一个复杂的、密集的、异构的、大容量的、多用户的网络，需要平衡、保持稳定、减少干扰，需要不断完善算法来解决这些问题。

（5）自组织网络

自组织网络是5G的重要技术，即网络部署阶段的自规划和自配置；网络维护阶段的自优化和自愈合。自配置即新增网络节点的配置可实现即插即用，具有低成本、安装简易等优点。自规划的目的是进行动态网络规划并执行规划，同时满足系统的容量扩展、业务监测或优化结果等方面的需求。自愈合指系统能自动检测问题、定位问题和排除故障，可大大减少维护成本并避免对网络质量和用户体验的影响。

当自组织网络技术应用于移动通信网络时，其优势体现在网络效率和维护方面，同时减少了运营商的支出和运营成本投入。由于现有的自组织网络技术都是从不同网络的角度开发的，自部署、自配置、自优化和自愈合等操作具有独立性和封闭性，在多网络之间缺乏协作。

（6）网络切片

网络切片就是把运营商的物理网络切分成多个虚拟网络，每个网络适应不同的服务需求，通常可通过时延、带宽、安全性、可靠性来划分不同的网络，以适应不同的场景。通过网络切片技术在一个独立的物理网络上切分出多个逻辑网络，从而避免了为每一个服务建设一个专用物理网络，这样可以大大节省部署的成本。

在同一个 5G 网络上，电信运营商会通过技术把网络切片为智能交通、无人机、智慧医疗、智能家居，以及工业控制等多个不同的网络，将其开放给不同的运营者，这样不同切片的网络在带宽、可靠性能力上也有不同的保证，计费体系、管理体系也不同。

（7）内容分发网络

5G 网络中存在大量复杂业务，尤其是一些音频、视频业务大量出现，某些业务会瞬时爆炸性增长，这会影响用户的体验与感受。这就需要对网络进行改造，让网络适应内容爆发性增长的需要。

内容分发网络（Content Delivery Network，CDN）是为解决网络拥塞问题而产生的，是在传统网络架构上覆盖的智能网络层。CDN 系统综合考虑各节点连接状态、负载情况和用户距离等信息，通过将相关内容分发至靠近用户的 CDN 代理服务器上，实现用户就近获取所需的信息，使得网络拥塞状况得以缓解，缩短响应时间，提高响应速度。

源服务器只需要将内容发送给各个代理服务器，便于用户从就近的、带宽充足的代理服务器上获取内容，降低网络时延并提高用户体验。CDN 技术的优势正是为用户快速地提供信息服务，同时有助于解决网络拥塞问题。

（8）设备到设备通信

设备到设备通信（D2D）是一种基于蜂窝系统的近距离数据直接传输技术。设备到设备通信会话的数据直接在终端之间进行传输，不需要通过基站转发。而相关的控制信令，如会话的建立、维持、无线资源分配，以及计费、鉴权、识别、移动性管理等仍由蜂窝网络负责。蜂窝网络引入 D2D 可以减轻基站负担，降低端到端的传输时延，提升频谱效率，降低终端发射功率。当无线通信基础设施损坏，或者在无线网络的覆盖盲区时，终端可借助

D2D 实现端到端通信甚至接入蜂窝网络。在 5G 网络中，既可以在授权频段部署 D2D，也可在非授权频段部署 D2D。

（9）边缘计算

在靠近物或数据源头的一侧，采用网络、计算、存储、应用核心能力为一体的开放平台，就近提供最近端服务。其应用程序在边缘侧发起，产生更快的网络服务响应，满足行业在实时业务、应用智能、安全与隐私保护等方面的基本需求。如果数据都是要到云端和服务器中进行计算机和存储，再把指令发给终端，就无法实现 5G 所需的低时延。边缘计算是在基站上建立计算和存储能力，在最短时间完成计算，发出指令。

（10）软件定义网络（SDN）和网络功能虚拟化（NFV）

SDN 架构的核心特点是开放性、灵活性和可编程性。它主要分为三层：基础设施层、控制层和应用层。基础设施层位于网络最底层，包括大量基础网络设备，该层根据控制层下发的规则处理和转发数据；中间层为控制层，该层主要负责对数据转发面的资源进行协调，控制网络拓扑、收集全局状态信息等；最上层为应用层，该层包括大量的应用服务，通过开放的北向 API 对网络资源进行调用。NFV 作为一种新型的网络架构与构建技术，其倡导的控制与数据分离、软件化、虚拟化思想，为突破现有网络的困境带来了希望。

5G 是一个复杂的体系，在 5G 基础上建立的网络，不仅要提升网络速度，同时还要满足更多更高的要求。未来 5G 网络中的终端也不仅有手机，而且有汽车、无人机、家电、公共服务设备等多种设备。4G 改变生活，5G 改变社会。5G 将会是社会进步、产业推动、经济发展的重要推进器。

9.5　5G 的特点

国际标准化组织 3GPP 定义了 5G 的三个场景：eMBB、mMTC 和 URLLC。其中，eMBB 指 3D/超高清视频等大流量移动宽带业务，mMTC 指大规模物联网业务，URLLC 指如无人驾驶、工业自动化等需要超低时延、高可靠连接的业务。

通过 3GPP 的三个场景定义可以看出，对于 5G，世界通信业的普遍看法是它不仅应具备高速度，还应满足超低时延这样更高的要求。从 1G 到 4G，移动通信的核心是人与人之间的通信。但 5G 的通信不仅仅是人与人之间的通信，随着物联网、工业自动化、无人驾驶等业务的引入，通信从人与人之间的通信，开始向人与物之间的通信，甚至机器与机器之间的通信转变。

5G 具有以下六个基本特点。

（1）高速度

相对于 4G，5G 要解决的第一个问题就是实现高速度。网络速度提升，用户的体验与感受才会有较大改善，网络才能在面对 VR/超高清业务时不受限制，对网络速度要求很高的业务才能被广泛推广和使用。

其实和每一代通信技术一样，确切地说 5G 的速度到底有多快是很难的，一方面，峰值速度和用户的实际体验速度不一样；另一方面，不同的技术、不同的时期网络速度也会不同。对于 5G 的基站峰值速度要求不低于 20Gbps，随着新技术使用，这个速度还有提升的空间。

（2）泛在网

随着业务的发展，网络业务需要无所不包，广泛存在。只有这样才能支持更加丰富的业务，才能在复杂的场景中使用。泛在网有两个层面的含义：广泛覆盖和纵深覆盖。

广泛覆盖是指在我们社会生活的各个地方，需要广覆盖。以前高山、峡谷就不一定需要覆盖网络，因为那里生活的人很少，但是如果能覆盖 5G 网络，就可以大量部署传感器，进行环境、空气质量甚至地貌变化、地震的监测，这就非常有价值。5G 可以为更多这类应用提供网络支持。

纵深覆盖是指在我们生活中，虽然已经有网络部署，但是需要更高品质的深度覆盖。我们家中现在已经有了 4G 网络，但是家中的卫生间可能网络质量不是太好，地下停车场可能基本没信号。随着 5G 时代的到来，可让以前网络质量不好的卫生间、地下停车场等也能有高品质的深度网络覆盖。

在一定程度上，泛在网比高速度还重要，只是建一个少数地方覆盖、速度很高的网络，并不能保证 5G 的服务与体验，而泛在网才是 5G 体验的一个根本保证。在 3GPP 的三个场景中没有讲泛在网，但是泛在的要求却是隐含在所有场景中的。

（3）低功耗

5G 要支持大规模物联网应用，就必须要有功耗的要求。这些年，可穿戴产品有一定发展，但是也遇到了很多问题，问题之一是用户体验较差。以智能手表为例，每天充电，甚至不到一天就需要充电。所有物联网产品都需要通信与能源，虽然今天通信可以通过多种手段实现，但是通信设备能源的供应还只能靠电池。通信过程若消耗大量的能量，就很难让物联网产品被用户广泛接受。

如果能把功耗降低，让大部分物联网产品一周充一次电，甚至一个月充一次电，就能大大改善用户体验，促进物联网产品的快速普及。

（4）低时延

5G 的一个新场景是无人驾驶、工业自动化的高可靠性连接。人与人之间进行信息交流，

140ms 的时延是可以接受的，但是如果这个时延用于无人驾驶、工业自动化场合就无法被接受了。5G 网络对于时延的最低要求是 1ms，甚至更低。这就对网络提出严酷的要求。而 5G 是这些新领域应用的必然要求。

无人驾驶汽车需要中央控制中心和汽车进行互联，车与车之间也应进行互联，在高速行动中，100ms 左右的时间，汽车就会冲出几十米，这就需要在最短的时延中，把信息送到车上，进行制动与车控反应。

要满足低时延的要求，需要在 5G 网络建构中采用各种技术手段来减少时延，边缘计算技术就是被采用到 5G 网络架构中的一种新技术。

（5）万物互联

在传统通信中，终端数量是非常有限的，在固定电话时代，电话数量是以人群定义的。而在手机时代，终端数量有了巨大爆发，手机数量是按个人来定义的。到了 5G 时代，终端不再是按人来定义，因为每人、每个家庭可能拥有数台终端。

2018 年，中国移动终端数已经达到 14 亿，这其中以手机为主。而通信业对 5G 的愿景是每一平方千米，可以支撑 100 万个移动终端。未来接入网络中的终端，不仅有手机，还会有更多各种各样的产品。可以说，我们生活中每一个产品都有可能通过 5G 接入网络。我们的眼镜、手机、衣服、腰带、鞋子都有可能接入网络，成为智能产品。家中的门窗、门锁、空气净化器、加湿器、空调、冰箱、洗衣机都可能通过 5G 接入网络，进入智能时代，让我们的家庭成为智慧家庭。

社会生活中大量以前不可能联网的设备也会联网工作，变得更加智能。汽车、井盖、电线杆、垃圾桶这些公共设施，以前管理起来较困难，也很难做到智能化，而 5G 可以让这些设备都成为智能设备。

（6）重构安全

安全问题似乎并不是 3GPP 要讨论的基本问题，但是它也应该成为 5G 的一个基本特点。

传统的互联网要解决的是信息速度、无障碍的传输的问题，自由、开放、共享是互联网的基本精神，但是在 5G 基础上建立的是智能互联网。智能互联网不仅要实现信息传输，还要建立起一个社会和生活的新机制与新体系。智能互联网的基本精神是安全、管理、高效、方便。安全是 5G 时代智能互联网第一位的要求。假设 5G 建设起来却无法重新构建安全体系，那么会产生巨大的破坏力。

假如无人驾驶系统被黑客入侵，那么乘客的生命安全就失去了保障；假如智能健康系统被黑客攻破，那么大量用户的健康信息将会被泄露；假如智慧家庭系统被黑客入侵，那么家人和财产安全都会受到威胁。

在 5G 的网络构建中，应该在底层就解决安全问题；在网络建设之初，就应该加入安全机制，信息应该加密，网络并不应该是开放的，对于特殊的服务需要建立起专门的安全机制。网络不是完全中立、公平的。举一个简单的例子：普通用户上网，可能只有一套系统保证其网络畅通，用户可能会面临拥堵。但是智能交通体系，需要多套系统保证其安全运行，保证其网络品质，在网络出现拥堵时，必须保证智能交通体系的网络畅通。而这个体系也不是一般终端可以接入实现管理与控制的。

在 2G 时代，中国只有几万个基站，处于落后状态；在 3G 时代，由于 TD-SCDMA 技术存在瑕疵，中国移动只能靠多建基站的方式进行弥补，才得以勉强跟上移动通信的发展步伐；到了 4G 时代，全球共有 700 多万个基站，中国的基站数占了 400 多万个，中国的移动通信技术已与各国并驾齐驱；而到了 5G 时代，中国已成为 5G 标准的制定者，领跑全球。5G 时代已经来临，它将应用场景从人与人之间的通信扩大到人与物、物与物之间的通信，并将以万物互联为目标打造未来通信新世界。未来 5G 将给人类生活带来怎样的巨变，我们都拭目以待。

习题

9-1　什么是网络功能虚拟化（NFV）？

9-2　什么是软件定义网络（SDN）？

9-3　5G 的关键技术有哪些？

9-4　5G 的特点是什么？

习 题 答 案

第1章

1-1 进行信息传递和交换的一方或双方处于运动状态中。

1-2 任何人（Whoever）无论在任何时候（Whenever）在任何地方（Wherever）都能够同任何人（Whoever）进行任何方式（Whatever）的交流。

1-3 移动通信的种类繁多，常见的分类方法如下。

① 按使用环境可分为陆地通信、海上通信和空中通信。

② 按使用对象可分为民用设备和军用设备。

③ 按多址方式可分为频分多址、时分多址和码分多址等。

④ 按接入方式可分为频分双工和时分双工。

⑤ 按覆盖范围可分为宽域网和局域网。

⑥ 按业务类型可分为电话网、数据网和综合业务网。

⑦ 按工作方式可分为单工、双工和半双工。

⑧ 按服务范围可分为专用网和公用网。

⑨ 按信号形式可分为模拟网和数字网。

1-4 ① 单工通信：是一种通信双方只能轮流进行收信和发信的按键通信方式，也即采用"按-讲"（Push To Talk，PTT）方式。

② 半双工通信：一方使用双工通信方式，而另一方则使用单工方式，发信时要按下"按-讲"开关。

③ 双工通信：指通信的双方在通话时收发信机均同时工作，即任意一方在讲话的同时，也能收听到对方的信息，有时也称全双工通信。

1-5 自从20世纪80年代初，第一代蜂窝移动电话系统投入使用，移动通信系统经历了从1G到目前4G的商用，预计中国的5G将在2020年投入商用。

1-6 ① 基站发射机放置在小区的中心，称为中心激励。

② 基站发射机放置在小区的顶点，称为顶点激励。

1-7 ① 按照信令的功能可分为线路信令、路由信令和管理信令。

② 按照信令所处位置的不同可分为接入信令和网络信令。

③ 按照信令的传输方式可分为随路信令和共路信令。

1-8 将正在通信的移动台与基站之间的通信链路从当前基站转移到另一个基站的过程。

1-9 FDMA 是将给定的频谱资源划分为若干个等间隔的频道，供不同的用户使用。

TDMA 把时间分割成周期性的帧，每一帧再分割成若干时隙（无论是帧还是时隙都是互不重叠的），然后根据一定的分配原则，使各个移动台在每帧内只能在指定的时隙向基站发送信号。

第 2 章

2-1 如表 2-1 所示。

2-2 当无线电波遇到比其波长大得多的物体时会反射，产生反射波。当无线电波的传播路径被尖锐的阻挡物边缘阻挡时将发生绕射现象，产生绕射波，由阻挡表面产生的二次波散布于空间，甚至到达阻挡物的背面。当无线电波传播的介质中存在小于波长的物体且单位体积内阻挡物的个数非常大时，将会发生散射现象，产生散射。

2-3 阴影效应、多径效应、远近效应和多普勒效应。

2-4 由于移动通信环境具有复杂性和多样性，信号的强度随时间而产生随机变化，这种变化称为衰落。慢衰落是由阴影效应产生的，其变化率比信息传送率慢。快衰落是由于多径传播而产生的，其变化率比慢衰落快。

2-5 同频干扰、邻道干扰和互调干扰。

2-6 邻道干扰是指相邻或相近信道之间的干扰。邻道干扰有两种类型，即发射机调制边带扩展干扰和发射机边带辐射。

解决邻道干扰的措施包括：

① 降低发射机落入相邻频道的干扰功率，即减小发射机的带外辐射。

② 提高接收机的邻频道选择性。

③ 在网络设计中，避免相邻频道在同一小区或相邻小区内使用，以增加同频道防护比。

2-7 当两个或多个不同频率的信号同时输入非线性电路时，由于非线性器件的作用，会产生许多谐波和组合频率分量，其中，与所需信号频率相接近的组合频率分量会顺利地通过接收机而形成干扰。

减小发射机互调干扰的措施有：

① 加大发射机天线之间的距离。

② 采用单向隔离器件和采用高 Q 谐振腔。

③ 提高发射机的互调转换衰耗。

减小接收机互调干扰的措施有：

① 提高接收机前端电路的线性度。

② 在接收机前端插入滤波器，提高其选择性。

③ 选用无三阶互调的信道组工作。

2-8 为了降低信号电平的起伏，接收端对收到的多个携带同一信息但经历独立衰落的信号进行特定的处理，称为分集接收技术。从分集涉及基站和接入点的数目来分类，可以把分集分为宏分集和微分集。

第 3 章

3-1 对信号源的编码信息进行处理，使其变为适于信道传输形式的过程，就是调制。基带信号含有直流分量和频率较低的分量，不能直接作为传输信号，必须有一个载波来运载基带信号。

3-2 根据调制信号的形式不同可分为模拟调制和数字调制；根据调制信号改变载波参量（幅度、频率或相位）的不同，模拟调制又可分为幅度调制（AM）、频率调制（FM）和相位调制（PM）。数字调制也有三种方式：幅移键控（ASK）、频移键控（FSK）和相移键控（PSK）。

3-3 相干解调也叫同步检波，必须要恢复出相干载波，利用这个相干载波和已调制信号作用，得到最初的数字基带信号。非相干解调不需要恢复出相干载波，所以比相干解调的方式要简单。

第 4 章

4-1 波形编码、参量编码和混合编码。

4-2 检错重发（ARQ）方式、前向纠错（FEC）方式和混合纠错（HEC）方式。

4-3 线性分组码、循环码、卷积码、Turbo 码和低密度奇偶校验码（LDPC 码）。

4-4 Turbo 码编码端由两个或更多卷积码并行级联构成，译码端采用基于软判决信息输入/输出的反馈迭代结构。

4-5 具有准循环性的生成矩阵和校验矩阵。

4-6 交织（Interleaving）技术在发送端加上数据交织器，在接收端加上解交织器，使信道的突发错误分散开来，转换为随机错误，以便充分发挥纠错码的作用。

第 5 章

5-1 单极性非归零码、双极性非归零码、单极性归零码、双极性归零码、差分码、交替极性码、多电平码和三阶高密度双极性码等。

5-2 由于脉冲拖尾的重叠，在接收端造成判决困难的现象叫作码间串扰。

5-3 扩频技术是指将信号扩展到很宽的频带上，并以较低的单位频带功率来传输。优点是具有抗衰落、抗多径干扰能力，保密性强。

5-4 跳频是指载波频率伪随机地在一个有限的频率集内跳动。安全性强。

5-5 具有随机特性，貌似随机序列的确定序列。

第 6 章

6-1 用户容量小、保密性差、各国制式不兼容。

6-2 GSM 系统由四部分组成，即网络交换子系统（NSS）、基站子系统（BSS）、操作维护中心（OMC）和移动台（MS）。

6-3 网络交换子系统由移动交换中心（MSC）、拜访位置寄存器（VLR）、归属位置寄存器（HLR）、设备识别寄存器（EIR）和鉴权中心（AUC）等功能实体组成。

6-4 S_m 接口、U_m 接口、A_{bit} 接口，以及 A 接口、B 接口、C 接口、D 接口、E 接口、F 接口、G 接口。各接口功能略。

6-5 移动台的国际身份号码（MSISDN），MSISDN=CC+NDC+SN；国际移动用户识别码（IMSI），IMSI=MCC+MNC+MSIN；国际移动台设备识别码（IMEI），IMEI=TAC+FAC+SNR+SP。

6-6 GSM 系统提供的业务分为基本业务和补充业务，其中，基本业务进一步可分为承载业务和电信业务。

6-7 略。

6-8 略。

6-9 略。

第 7 章

7-1 ① 无线接口的类型尽可能少，具有高度兼容性。

② 高语音质量和高安全性。

③ 具有 2GHz 左右的高效频谱利用率，且能最大限度地利用有限带宽。

④ 支持分层小区结构。

⑤ 语音只占移动通信业务的一部分，大部分业务是非语音数据和视频信息。

⑥ 手机体积小、重量轻，具有真正的全球漫游能力。

7-2 RNC 在逻辑上对应于 GSM 系统中的基站控制器 BSC，用于控制无线资源。

一个 RNC 中有以下三个逻辑实体。

CRNC：Control RNC，控制 RNC；

SRNC：Serving RNC，服务 RNC；

DRNC：Drift RNC，漂移 RNC。

7-3 交互性业务、分配性业务和移动性业务。交互性业务分为会话业务、消息业务、检索与存储业务三种。分配性业务包括广播业务。移动性业务包括短消息业务（SMS）、多媒体消息业务（MMS）、定位业务（LCS）、流媒体业务、WAP 网关、Java 下载。

7-4 从通信上下行链路来考虑，可以将功率控制分为反向功率控制和前向功率控制；从功率控制环路类型来划分，则可以将功率控制分为内环功率控制和外环功率控制。

7-5 通过软件方式实现原本由硬件实现的功能，用 DSP（数字信号处理）技术取代常规模式，完成众多原来通过 RF 基带模拟电路和 ASIC 实现的无线传输功能。

第 8 章

8-1 移动性管理实体（MME）、服务网关（SGW）、分组数据网网关（PGW）、归属用户服务器（HSS）和策略与计费功能单元（PCRF）。

8-2 演进型 Node B。

8-3 正交频分复用（OFDM）、多输入多输出（MIMO）、高阶调制和自适应调制编码技术。

8-4 LTE-Advanced、WiMAN-Advanced/IEEE 802.16m。

8-5 S1 接口定义为 E-UTRAN 和 EPC 之间的接口。

S1 接口实现完成的功能有：寻呼功能，包括发送寻呼请求到所有 UE 注册的小区；E-UTRAN 体系结构下，用户设备在激活状态下的移动性管理功能，包括 LTE 内部的小区切换，以及 3GPP 内其他无线接入技术之间的切换；SAE 业务承载管理功能，包括承载业务的设置和释放等功能；NAS 信令传送功能；接口管理功能，包括差错指示等；漫游功能；初始化用户设备的信息内容设置功能，包括 SAE 承载内容、安全性内容、漫游限制、用户设备容量信息、用户设备的 S1 信令连接 ID 等。

X2 接口定义为各个 eNB 之间的接口。

X2 接口的主要功能有：用户设备在激活状态下的移动性管理功能，包括从源 eNB 到目标 eNB 的信息内容传送，以及从源 eNB 到目标 eNB 的用户隧道控制功能；差错处理功能，包括差错指示等。

第 9 章

9-1　网络功能虚拟化指将不同网络设备整合到符合工业标准的大量服务器上。这些服务器可以位于不同的网络节点，也可以部署在用户的办公地点。

9-2　SDN 的基本原理是将控制面和数据面分拆（也称为基础设施层和用户面），网络智能的逻辑集中化，以及将物理网络通过标准接口从应用和服务中抽象出来。

9-3　高效非正交多址接入，灵活的框架设计，先进的新型无线技术，超密集异构网络，网络的自组织，网络切片，内容分发网络，设备到设备通信，边缘计算，软件定义网络和网络虚拟化。

9-4　高速度、泛在网、低功耗、低时延、万物互联、重构安全。

参 考 文 献

［1］Stuber G. 移动通信原理 ［M］. 裴昌幸，等译. 北京：机械工业出版社，2014.

［2］樊昌信，曹丽娜. 通信原理 ［M］. 7 版. 北京：国防工业出版社，2012.

［3］罗文兴. 移动通信技术 ［M］. 北京：机械工业出版社，2012.

［4］高健. 移动通信技术 ［M］. 2 版. 北京：机械工业出版社，2012.

［5］罗文茂. 移动通信技术 ［M］. 北京：人民邮电出版社，2014.

［6］宋燕辉. 第三代移动通信技术 ［M］. 北京：人民邮电出版社，2009.

［7］宋铁成. 移动通信技术 ［M］. 北京：人民邮电出版社，2018.

［8］Afif Osseiran. 5G 移动无线通信技术 ［M］. 陈明，等译. 北京：人民邮电出版社，2017.

［9］解文博. 移动通信技术与设备 ［M］. 2 版. 北京：人民邮电出版社，2015.

［10］范波勇. LTE 移动通信技术 ［M］. 北京：人民邮电出版社，2015.